技工院校一体化课程教学改革模具制造专业教材

模具维护与保养

人力资源和社会保障部教材办公室组织编写

中国劳动社会保障出版社

内容简介

本书主要内容包括冲压模具维护与保养、塑料模具维护与保养两个学习任务。要求学生重点掌握冲压模具和塑料模具的常见故障现象及其解决方法，并简单了解冲压模具和塑料模具的管理与维护保养流程，以及模具保养的相关知识。

图书在版编目(CIP)数据

模具维护与保养/人力资源和社会保障部教材办公室组织编写．—北京：中国劳动社会保障出版社，2014

技工院校一体化课程教学改革模具制造专业教材

ISBN 978－7－5167－1057－9

Ⅰ.①模…　Ⅱ.①人…　Ⅲ.①模具－维修－技工学校－教材②模具－保养－技工学校－教材　Ⅳ.①TG76

中国版本图书馆 CIP 数据核字(2014)第 055399 号

中国劳动社会保障出版社出版发行

（北京市惠新东街 1 号　邮政编码：100029）

*

北京市艺辉印刷有限公司印刷装订　新华书店经销

787 毫米×1092 毫米　16 开本　7 印张　124 千字

2014 年 4 月第 1 版　　2014 年 4 月第 1 次印刷

定价：14.00 元

读者服务部电话：（010）64929211/64921644/84643933

发行部电话：（010）64961894

出版社网址：http://www.class.com.cn

版权专有　　侵权必究

如有印装差错，请与本社联系调换：（010）80497374

我社将与版权执法机关配合，大力打击盗印、销售和使用盗版图书活动，敬请广大读者协助举报，经查实将给予举报者奖励。

举报电话：（010）64954652

技工院校一体化课程教学改革教材编委会名单

编审委员会

主　任：王晓初

副主任：吴道槐　张　斌　张梦欣　金　龄　张亚男　王晓君

委　员：冯　政　田　丰　翟　涛　万　象　何绪军　刘　春　王雪宁
蔡　兵　陈　蕾　蒋燕辰　刘素华

编审人员

主　编：孙海锋

参　编：黄达辉　周晓峰

主　审：洪惠良

顾　问：朱永亮　张利芳　张晓梅

序

人才是我国经济社会发展的第一资源，技能人才是人才队伍的重要组成部分。党中央、国务院高度重视技能人才队伍建设工作，2009 年 12 月，胡锦涛总书记在视察珠海市高级技工学校时指出：“没有一流的技工，就没有一流的产品”、“技能型人才在推进自主创新方面具有不可替代的重要作用”。技工院校是系统培养技能人才的重要基地。多年来，技工院校始终紧紧围绕国家经济发展和劳动者就业，以满足经济发展和企业对技术工人的需求为办学宗旨，形成了鲜明的办学特色，为国家培养了大批生产一线技能劳动者和后备高技能人才。

当前，我国处于全面建设小康社会的关键时期，随着加快转变经济发展方式、推进经济结构调整以及大力发展高端制造产业等新兴战略性产业，迫切需要加快培养一大批具有精湛技能和高超技艺的技能人才。为了遵循技能人才成长规律，切实提高培养质量，进一步发挥技工院校在技能人才培养中的基础作用，从 2009 年开始，我部借鉴国内外职业教育先进经验，在全国 17 个省（区、市）的 30 所技工院校启动了一体化课程教学改革试点工作，推进以职业活动为导向，以校企合作为基础，以综合职业能力培养为核心，理论教学与技能操作融合贯通的一体化课程教学改革。这项改革试点将传统的以学历为基础的职业教育转变为以职业技能为基础的职业能力教育，促进了职业教育从知识教育向能力培养转变，努力实现“教、学、做”融为一体，收到了积极成效。改革试点得到了学校师生的充分认可，普遍反映一体化课程教学改革是技工院校一次“教学革命”，学生的学习热情、教学组织形式、教学手段和学生的综合素质都发生了根本性变化。试点的成果表明，一体化课程教学改革是转变技能人才培养模式的重要抓手，是推动技工院校改革发展的重要举措，也是人力资源社会保障部门加强技工教育和在职业培训工作的一个重点项目。

教学改革的成果最终要以教材为载体进行体现和传播。根据我部推进一体化课程教学改革的要求，一体化课程改革专家、几百位试点院校的骨干教师以及中国人力资源和社会保障出版集团的编辑团队，用了三年多的时间，组织实施了一体化课程教学改革试点，并将试点中形成的课程成果进行了整理、提炼，汇编成“活页”教材。这套教材不仅在形式上打破了传统教材的编写模式，而且在内容上突破了传统教材的结构体例，在国内职业教育培训教材领域中均属首创。这套教材及配套资料的出版，不仅是本次一体化课程教学改革试点工作的阶段性总结，也是一体化课程教学改革不断深化和全面推广的一个起点。希望全国技工院校将一体化课程教学改革作为创新人才培养模式、提高人才培养质量的重要抓手，进一步推动教学改革，促进内涵发展，提升办学质量，为加快培养合格的技能人才作出新的更大贡献！

人力资源和社会保障部副部长

王晓初

二〇一二年八月

活页式教材使用说明

◆页码编排方式

为了更加方便地在教材中增删和替换内容，页码采用“学习任务编号–学习活动编号–页码号”三级编排形式，如“3–2–4”表示“学习任务三”的“学习活动2”的第4页。

◆过程评价表使用方法

教材中设计了“自评表”、“互评表”、“教师总评表”、“综合评价表”等评价表格，表头上有“班级”、“姓名”、“学号”等信息栏，从活页教材中取出评价表填写后可以单独提交。

◆教材内容更新方法

中国人力资源和社会保障出版集团将根据一体化课程教学改革的推进以及科学技术的发展和不同地域的需要，不断补充和更新教材中的学习任务和学习活动，学校可以从“技工院校一体化教学资源网（http：//yth.cott.org.cn）”下载（需在网站注册）。通过网站还可以了解到更多的一体化课程教学改革信息和下载相关资源。

◆便携式活页夹和PVC保护板使用方法

使用教材中附赠的便携式活页夹，可以灵活方便地将教材中部分内容携带至一体化教学场地。教材内附的整张PVC保护板可以作为学习记录垫板使用。

◆参考用书选用方法

在学习过程中，学生需要查阅大量参考资料，下表为中国人力资源和社会保障出版集团出版的适宜本专业一体化教学使用的参考书目录。

机械设备维修 / 模具制造专业一体化教学参考书目录（中级阶段）

序号	书号	书名
1	978-7-5045-9709-0	机械制图（少学时）（双色印刷）
2	978-7-5045-9690-1	机械基础（少学时）（双色印刷）
3	978-7-5045-9677-2	金属材料与热处理（少学时）（双色印刷）
4	978-7-5045-9717-5	极限配合与技术测量基础（少学时）（双色印刷）
5	978-7-5045-9689-5	机械制造工艺基础（少学时）（双色印刷）
6	978-7-5045-9713-7	工程力学（少学时）（双色印刷）
7	978-7-5045-9668-0	电工学（少学时）（双色印刷）
8	978-7-5045-9049-7	机修钳工工艺与技能　学生用书 II　基础知识
9	978-7-5045-6877-9	模具钳工工艺学
10	978-7-5045-6934-9	模具钳工技能训练

目　录

学习任务一　冲压模具维护与保养

学习目标

1. 能按照模具管理的一般流程和维护保养要求，完成模具的领取、入库工作。

2. 能接受冲压模具维护保养任务，明确任务要求，初步了解故障现象。

3. 能通过耐心细致的有效沟通，记录操作人员反映的信息，通过小组讨论，提取有效信息，充分了解故障现象。

4. 能查阅冲压模具使用记录，摘录并分析冲压模具的使用记录，正确获取模具的工作年限、故障出现频率等有效信息。

5. 能查阅相关资料，进行冲压模具故障诊断，并准确分析故障原因，确定维护内容。

6. 能分析冲压模具的结构特点和模具装配技术要求，通过小组讨论，制定合理的维护工艺。

7. 能正确选择维护工具、检验量具和设备等，并列出工量具和设备清单。

8. 能根据工量具清单，按照企业工量具管理条例，正确领取、保管和归还工量具等。

9. 能做好冲压模具维护场地安全防护措施，严格遵守模具起吊、搬运等安全规程，并按要求严格穿戴好劳保防护用品。

10. 能对冲压模具的故障部位进行零部件拆卸，写出需要修复、更换的零部件，制定合理的修复方案，并估算模具修理成本。

11. 能对存在缺陷的冲压模具零部件进行修复或更换。

12. 能在排除故障后，对冲压模具进行装配、检测、试模、调整，恢复模具精度，完成模具维护保养工作。

13. 能按照企业工作制度请操作人员进行验收，交付使用，并填写维修记录。

14. 能按“6S”管理要求清理场地，归置物品。

15. 能根据冲压模具维护与保养要求，制定日常保养和定期保养方案。

建议学时

90 学时

工作情境描述

某链条企业生产产品时，发现在装配链条时链板的质量出现一些问题，模具在生产中也出现了一些额外的噪声，影响了链条的质量。于是和模具车间联系，申请模具车间派人来解决问题，要求在 15 天内完成链板模具的维修，并制订模具保养计划。

链板实物图

链板模具实物图

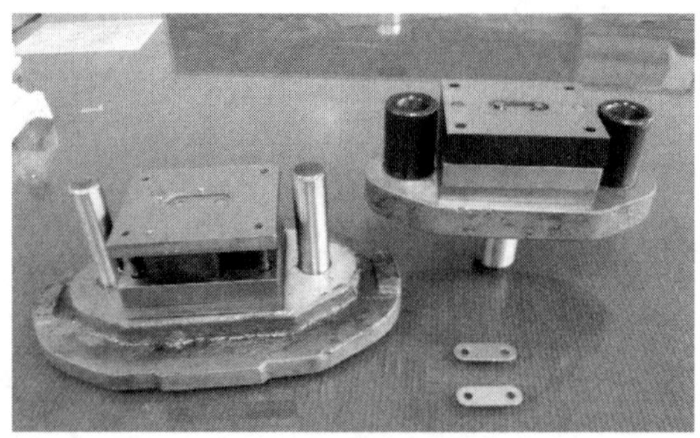

链板模具实物分解图

模具装配图

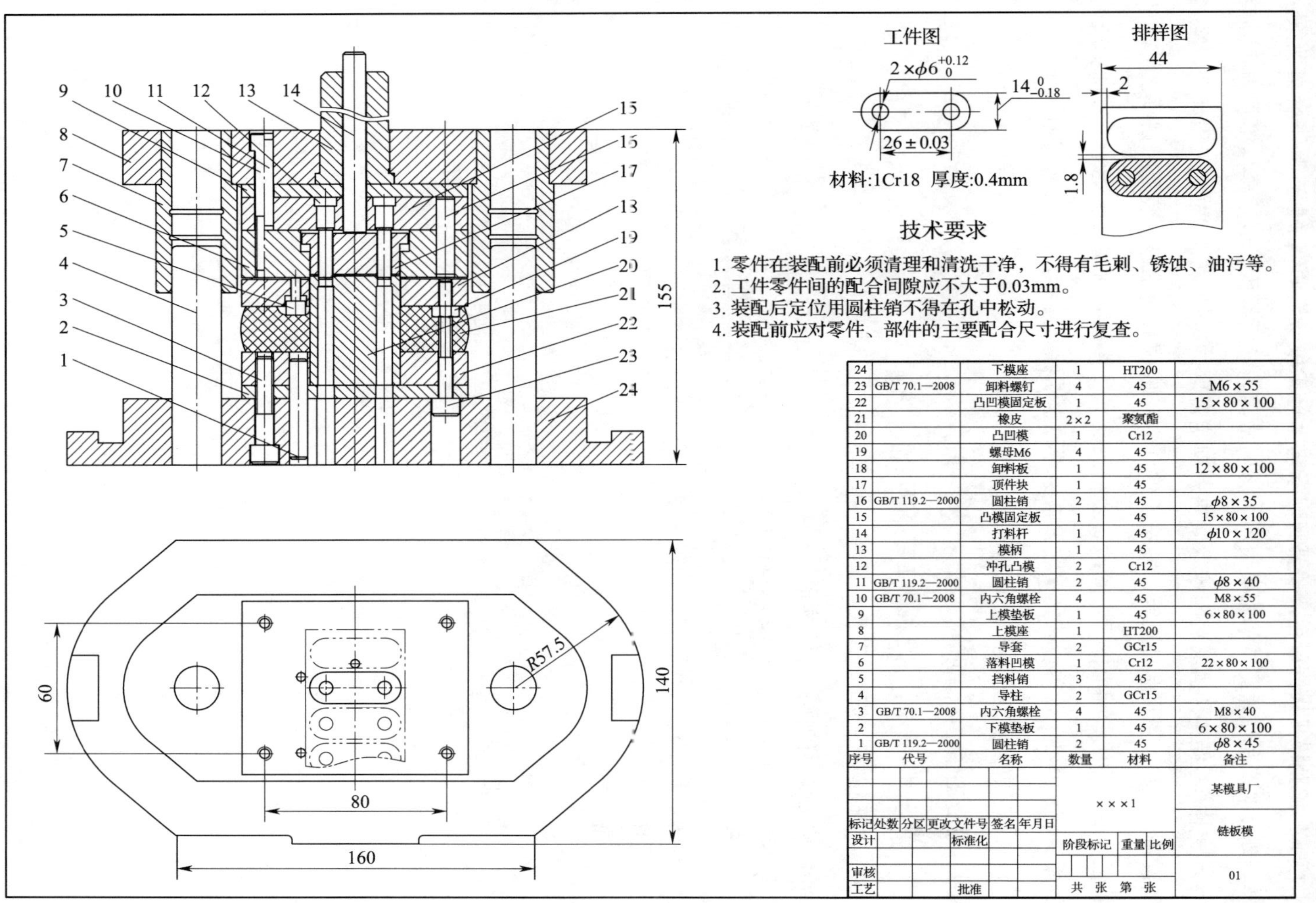

序号	代号	名称	数量	材料	备注
24		下模座	1	HT200	
23	GB/T 70.1—2008	卸料螺钉	4	45	M6×55
22		凸凹模固定板	1	45	15×80×100
21		橡皮	2×2	聚氨酯	
20		凸凹模	1	Cr12	
19		螺母M6	4	45	
18		卸料板	1	45	12×80×100
17		顶件块	1	45	
16	GB/T 119.2—2000	圆柱销	2	45	$\phi8\times35$
15		凸模固定板	1	45	15×80×100
14		打料杆	1	45	$\phi10\times120$
13		模柄	1	45	
12		冲孔凸模	2	Cr12	
11	GB/T 119.2—2000	圆柱销	2	45	$\phi8\times40$
10	GB/T 70.1—2008	内六角螺栓	4	45	M8×55
9		上模垫板	1	45	6×80×100
8		上模座	1	HT200	
7		导套	2	GCr15	
6		落料凹模	1	Cr12	22×80×100
5		挡料销	3	45	
4		导柱	2	GCr15	
3	GB/T 70.1—2008	内六角螺栓	4	45	M8×40
2		下模垫板	1	45	6×80×100
1	GB/T 119.2—2000	圆柱销	2	45	$\phi8\times45$

标记	处数	分区	更改文件号	签名	年月日	阶段标记	重量	比例
设计			标准化					
审核								
工艺			批准			共　张　第　张		

工作流程与活动

模具工接到模具报修单后，需要到现场与生产工段长沟通，了解产品不合格现象，查阅模具精度对产品质量影响的相关资料，诊断故障，分析原因，确定模具维护内容。查阅资料，根据模具结构和模具装配技术要求，制定合理的维护工艺，做好工作计划，准备必要的设备、工具、量具和辅具等，并按工作计划完成模具的维修、装配和试模工作。完成维护任务后经冲压车间操作人员验收，合格后交付使用，并填写维护记录。对维护交付使用的模具制定详细的保养工艺，确定日常保养和定期保养方案。具体工作流程如下：

1. 模具管理与维护保养认知（8 学时）
2. 接受工作任务，明确工作要求（6 学时）
3. 进行故障诊断，制定维修工艺（18 学时）
4. 冲压模具的修理、装配与试模（40 学时）
5. 冲压模具的保养（12 学时）
6. 总结、评价与展示（6 学时）

学习活动1　模具管理与维护保养认知

学习目标

1. 能正确描述企业模具管理与维护保养的一般流程及工作要求。

2. 能按照规范程序进行链板模具的领取、入库和保管。

3. 能做好链板模具领取、入库和保管的相关记录。

4. 能制定冲压模具技术状态鉴定方案并模拟实施。

建议学时　8学时

学习过程

一、了解企业模具管理与维护保养流程

模具的合理维护、保养与管理对延长模具使用寿命、降低制件成本、提高制件质量、改善模具的技术状态至关重要，是保证正常生产的一项重要工作。查阅资料，结合下图说明模具管理与维护保养的一般流程及工作内容。

1-1-2 模具维护与保养

开始
模具制作单位
验收异常
试模验收
验收合格
模具入库
外协维修
模具档案建立
模具保管
内部维修记录
模具领用
模具使用巡查
模具完好
模具维修与保养
模具验收归库
损坏不可修
模具报废
结束

模具管理与维护保养流程图

二、模具的领取、入库与保管

1. 作为一名模具从业者，在模具的维护、保养与管理过程中，必须严格按照企业的规定和要求进行工作，才能更好地保证模具精度，延长模具的使用寿命。对于模具管理员而言，其应遵守的基本守则是什么？

2. 模具的保管应做到台账、图样、模具等相一致，模具一般不能拆开存放，以免零件丢失，长期不使用的模具要定期做防锈处理。查阅资料，说明模具库房保存的模具档案主要包括哪些文件，模具的储存条件和保管注意事项有哪些。

3．当生产主管部门将订单任务发放到生产车间时，生产操作人员需凭“生产任务单”与模具管理员办理模具领用手续。查阅资料，写出模具领用的流程及注意事项。

4．生产任务完成后，拆下的模具必须经过必要的保养后方能入库保管。查阅资料，写出模具入库的流程及注意事项。

5．小组讨论，结合所学知识制订下图所示链板模具的领取和入库计划，现场模拟模具的领取和入库流程，并记录模具领取、入库过程中遇到的问题及解决问题的方法。

链板模具

（1）根据小组讨论结果，制订链板模具的领取和入库计划。

（2）记录模具领取、入库过程中遇到的问题及解决方法。

附链板模具的装配图和零件图。

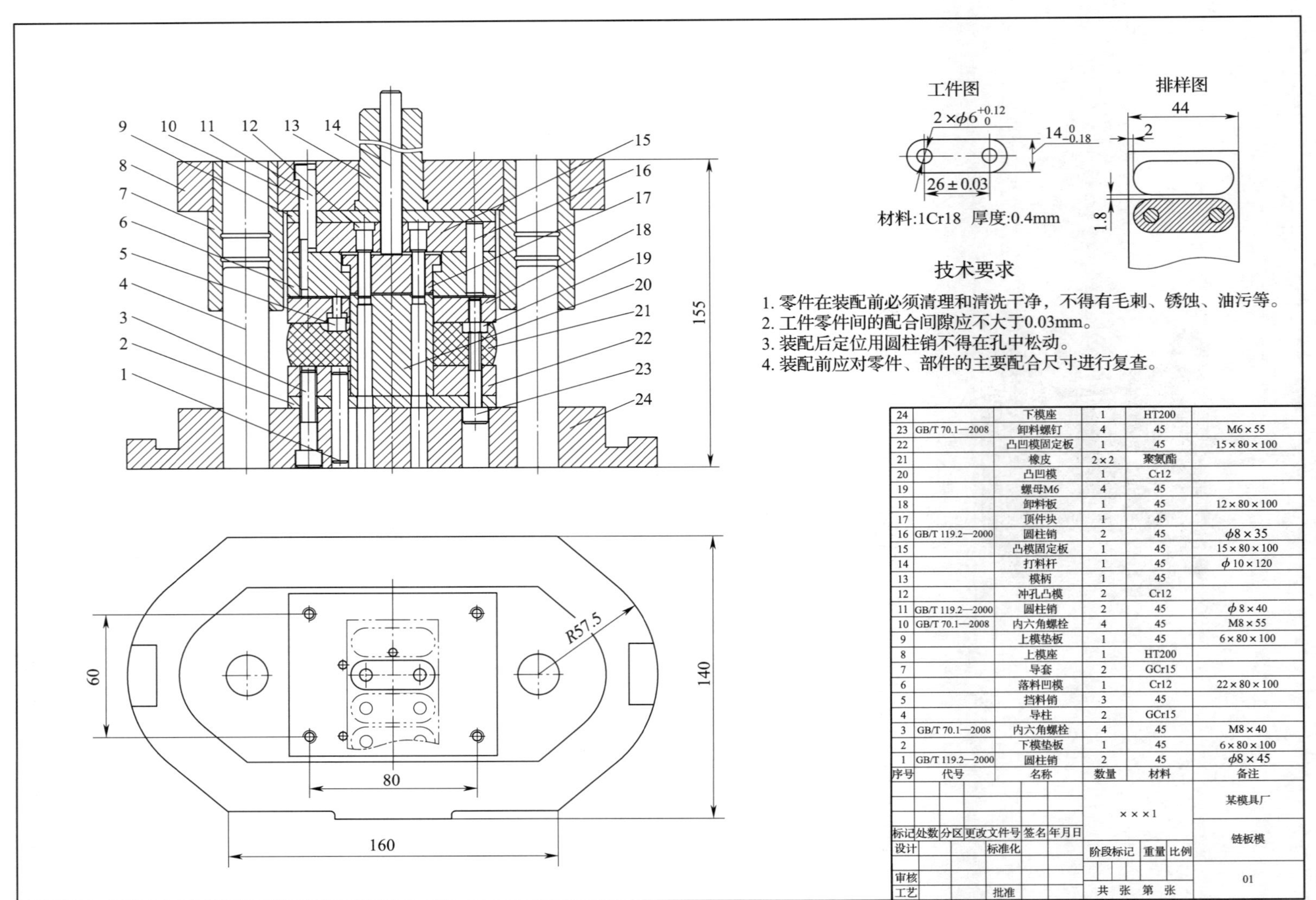

技术要求

1. 零件在装配前必须清理和清洗干净，不得有毛刺、锈蚀、油污等。
2. 工件零件间的配合间隙应不大于0.03mm。
3. 装配后定位用圆柱销不得在孔中松动。
4. 装配前应对零件、部件的主要配合尺寸进行复查。

序号	代号	名称	数量	材料	备注
24		下模座	1	HT200	
23	GB/T 70.1—2008	卸料螺钉	4	45	M6×55
22		凸凹模固定板	1	45	15×80×100
21		橡皮	2×2	聚氨酯	
20		凸凹模	1	Cr12	
19		螺母M6	4	45	
18		卸料板	1	45	12×80×100
17		顶件块	1	45	
16	GB/T 119.2—2000	圆柱销	2	45	φ8×35
15		凸模固定板	1	45	15×80×100
14		打料杆	1	45	φ10×120
13		模柄	1	45	
12		冲孔凸模	2	Cr12	
11	GB/T 119.2—2000	圆柱销	2	45	φ8×40
10	GB/T 70.1—2008	内六角螺栓	4	45	M8×55
9		上模垫板	1	45	6×80×100
8		上模座	1	HT200	
7		导套	2	GCr15	
6		落料凹模	1	Cr12	22×80×100
5		挡料销	3	45	
4		导柱	2	GCr15	
3	GB/T 70.1—2008	内六角螺栓	4	45	M8×40
2		下模垫板	1	45	6×80×100
1	GB/T 119.2—2000	圆柱销	2	45	φ8×45

标记	处数	分区	更改文件号	签名	年月日	×××1			某模具厂
设计			标准化			阶段标记	重量	比例	链板模
审核									01
工艺			批准			共 张 第 张			

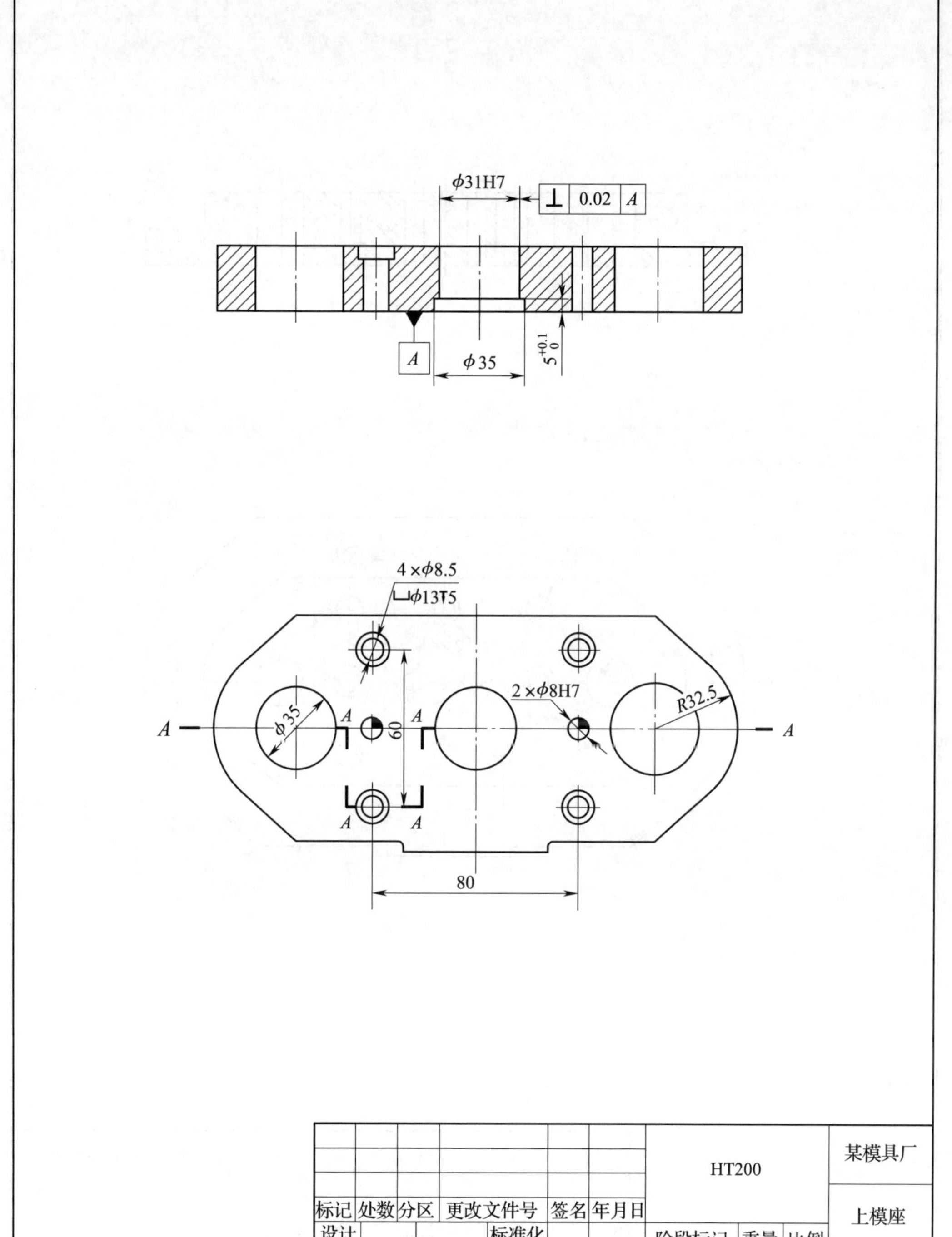

ϕ31H7
⊥ 0.02 A
A
ϕ35
$5^{+0.1}_{0}$
4×ϕ8.5
⌴ϕ13↧5
2×ϕ8H7
R32.5
ϕ35
60
80
A
A
HT200
某模具厂
上模座
标记 处数 分区 更改文件号 签名 年月日
设计 标准化
阶段标记 重量 比例
审核
工艺 批准
共 张 第 张

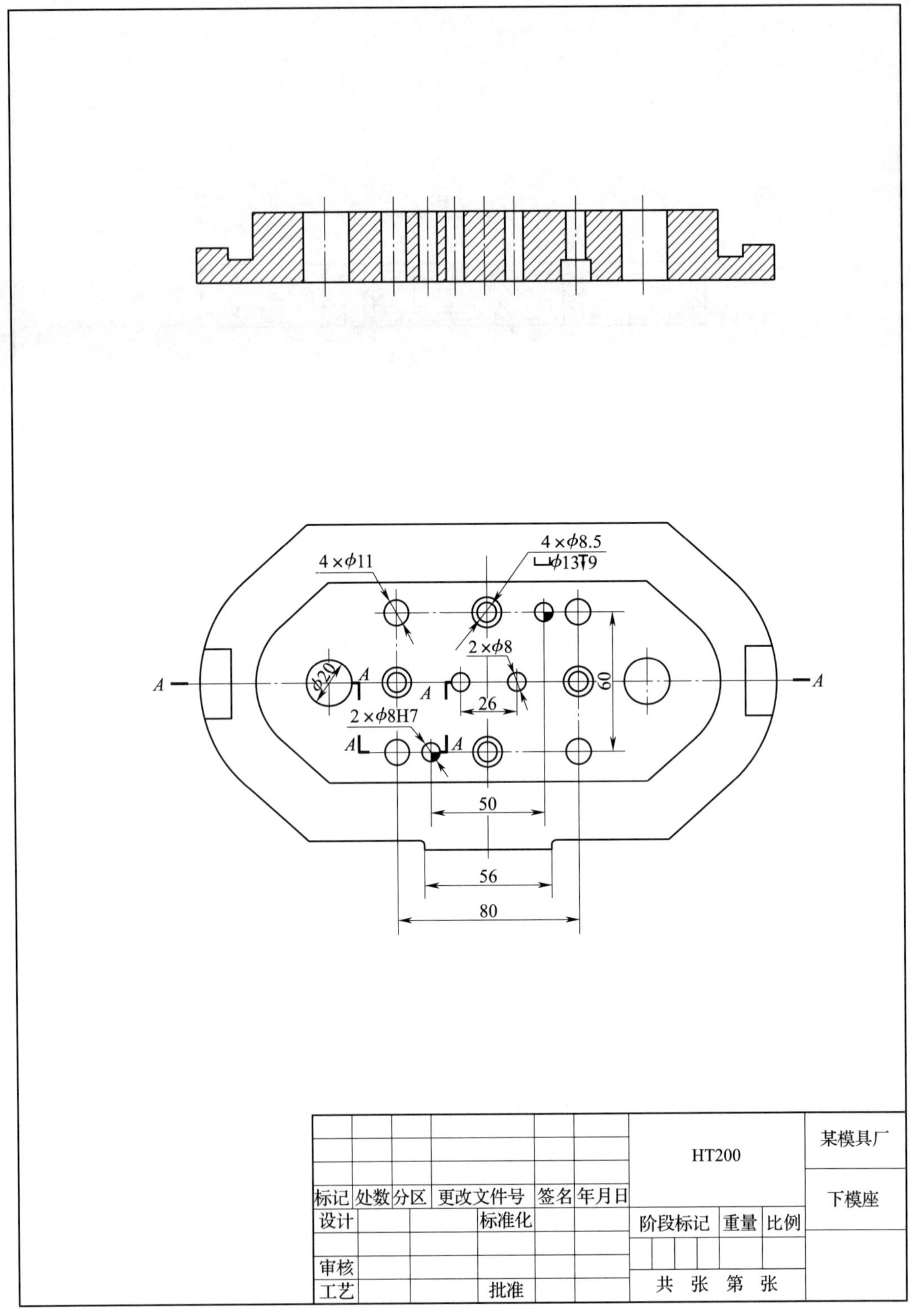

4×φ11
4×φ8.5
φ13 9
2×φ8
φ20
A
60
26
2×φ8H7
50
56
80
标记 处数 分区 更改文件号 签名 年月日
设计 标准化
审核
工艺 批准
HT200
某模具厂
下模座
阶段标记 重量 比例
共 张 第 张

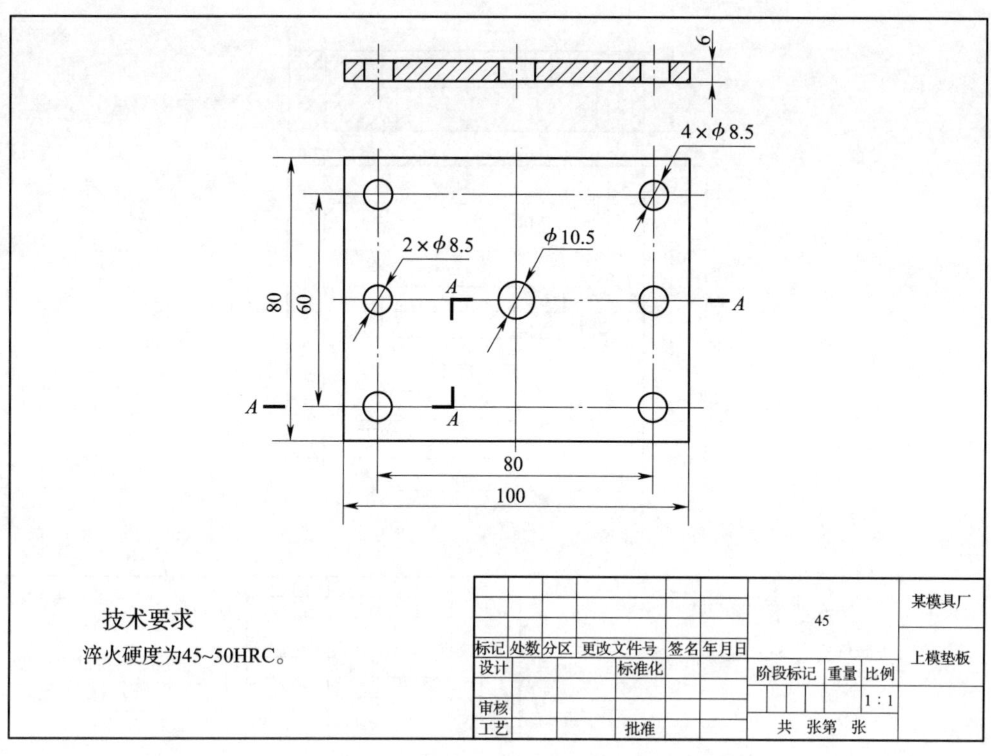
6
4×ϕ8.5
2×ϕ8.5
ϕ10.5
A
80
60
A
A
A
80
100
技术要求
淬火硬度为45~50HRC。
标记 处数 分区 更改文件号 签名 年月日
设计 标准化
审核
工艺 批准
45
阶段标记 重量 比例
1:1
共 张第 张
某模具厂
上模垫板

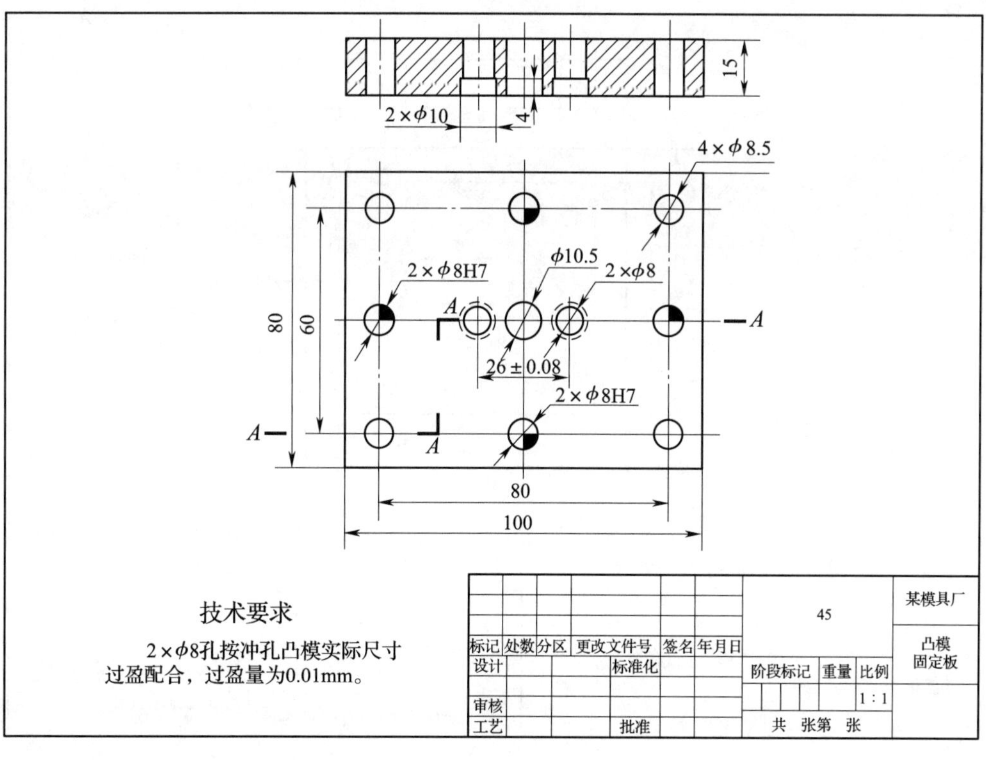
15
2×ϕ10
4
4×ϕ8.5
2×ϕ8H7
ϕ10.5
2×ϕ8
A
A
80
60
26±0.08
2×ϕ8H7
A
A
80
100
技术要求
2×ϕ8孔按冲孔凸模实际尺寸
过盈配合，过盈量为0.01mm。
标记 处数 分区 更改文件号 签名 年月日
设计 标准化
审核
工艺 批准
45
阶段标记 重量 比例
1:1
共 张第 张
某模具厂
凸模
固定板

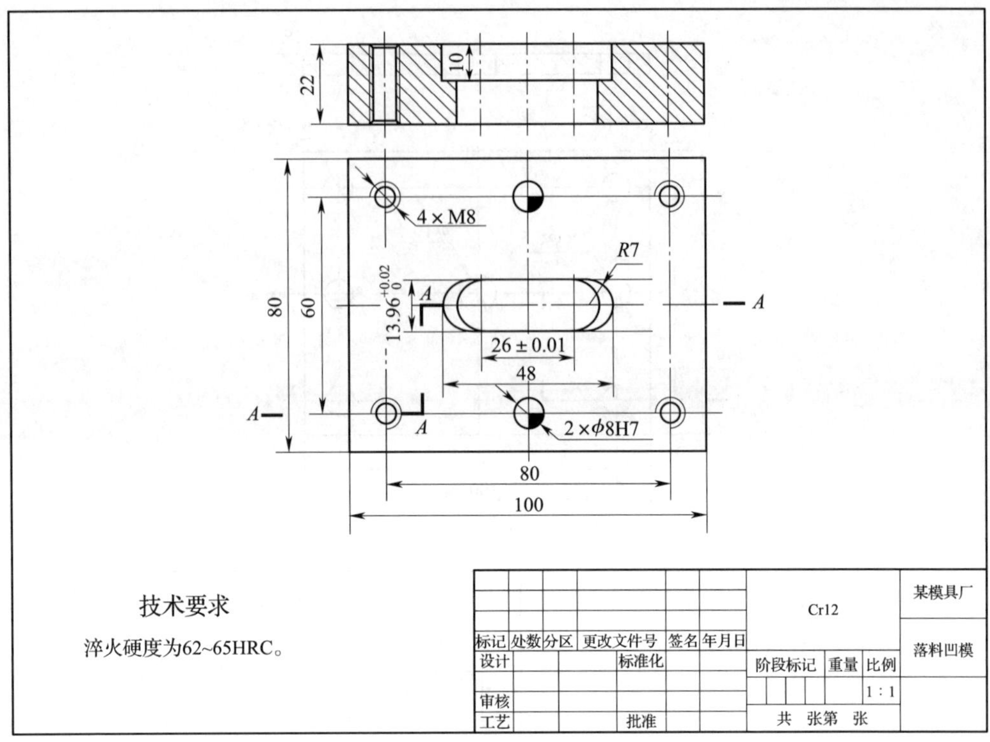
22
10
4×M8
R7
$13.96^{+0.02}_{0}$
A
A
A
A
80
60
26±0.01
48
2×ϕ8H7
80
100
技术要求
淬火硬度为62~65HRC。
Cr12
某模具厂
标记 处数 分区 更改文件号 签名 年月日
设计 标准化
阶段标记 重量 比例
落料凹模
1：1
审核
工艺 批准
共 张第 张

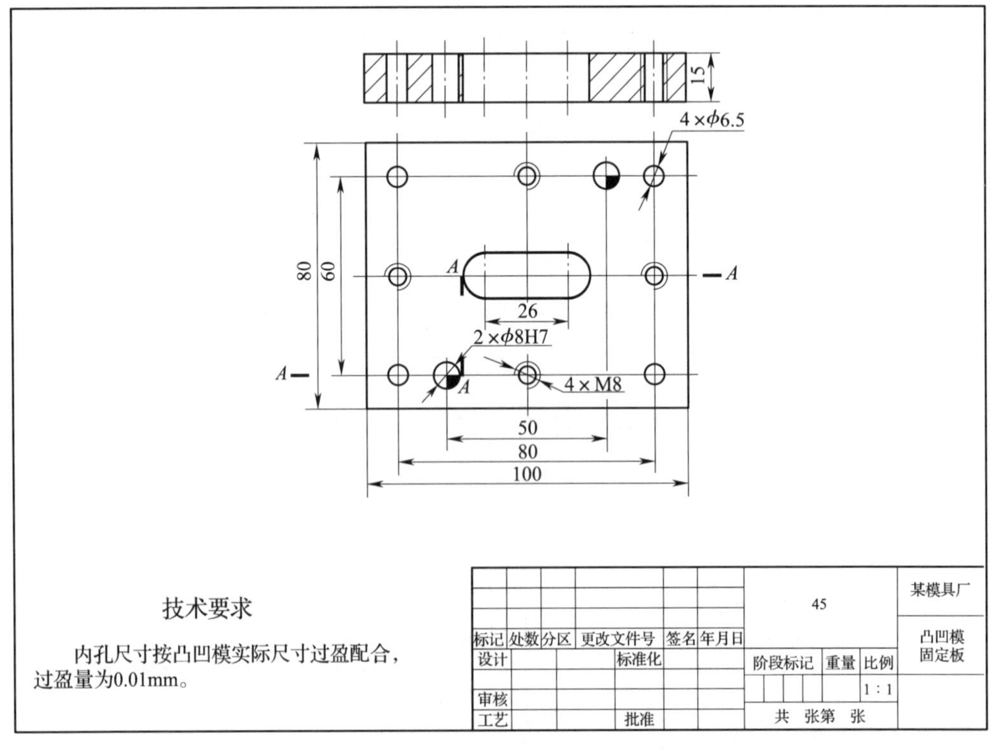
15
4×ϕ6.5
A
A
A
A
80
60
26
2×ϕ8H7
4×M8
50
80
100
技术要求
内孔尺寸按凸凹模实际尺寸过盈配合，过盈量为0.01mm。
45
某模具厂
标记 处数 分区 更改文件号 签名 年月日
设计 标准化
阶段标记 重量 比例
凸凹模固定板
1：1
审核
工艺 批准
共 张第 张

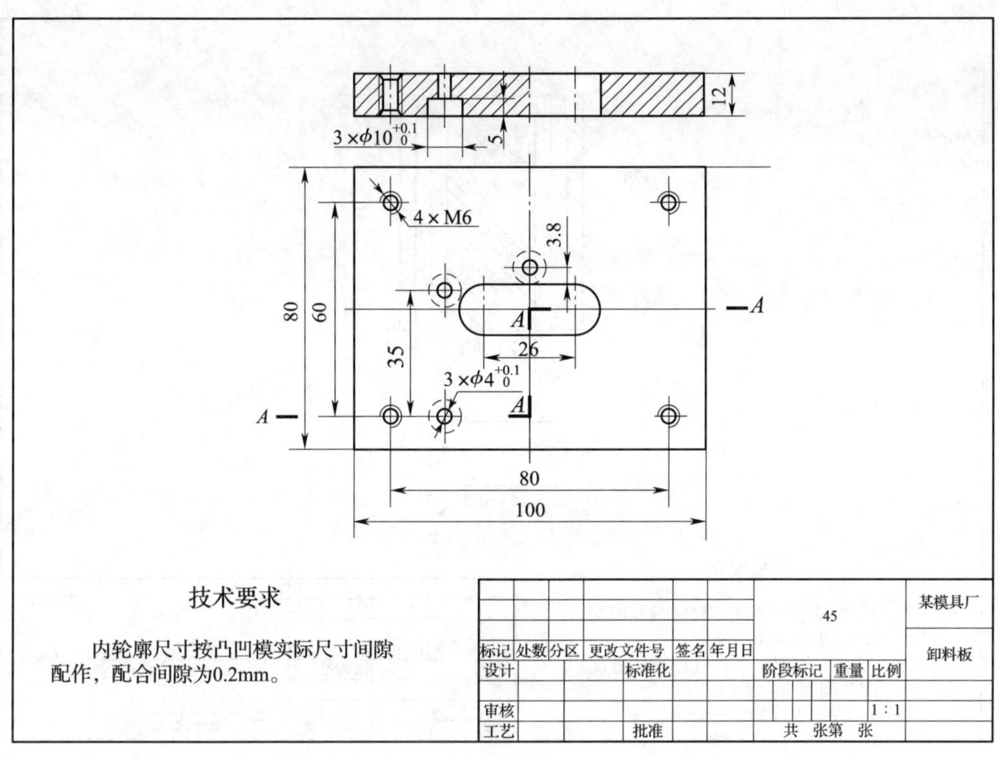
12
3×φ10 +0.1 0
5
4×M6
3.8
A
26
80
60
35
3×φ4 +0.1 0
A
80
100
技术要求
内轮廓尺寸按凸凹模实际尺寸间隙配作，配合间隙为0.2mm。
45
某模具厂
卸料板
标记 处数 分区 更改文件号 签名 年月日
设计 标准化
阶段标记 重量 比例
1∶1
审核
工艺 批准
共 张第 张

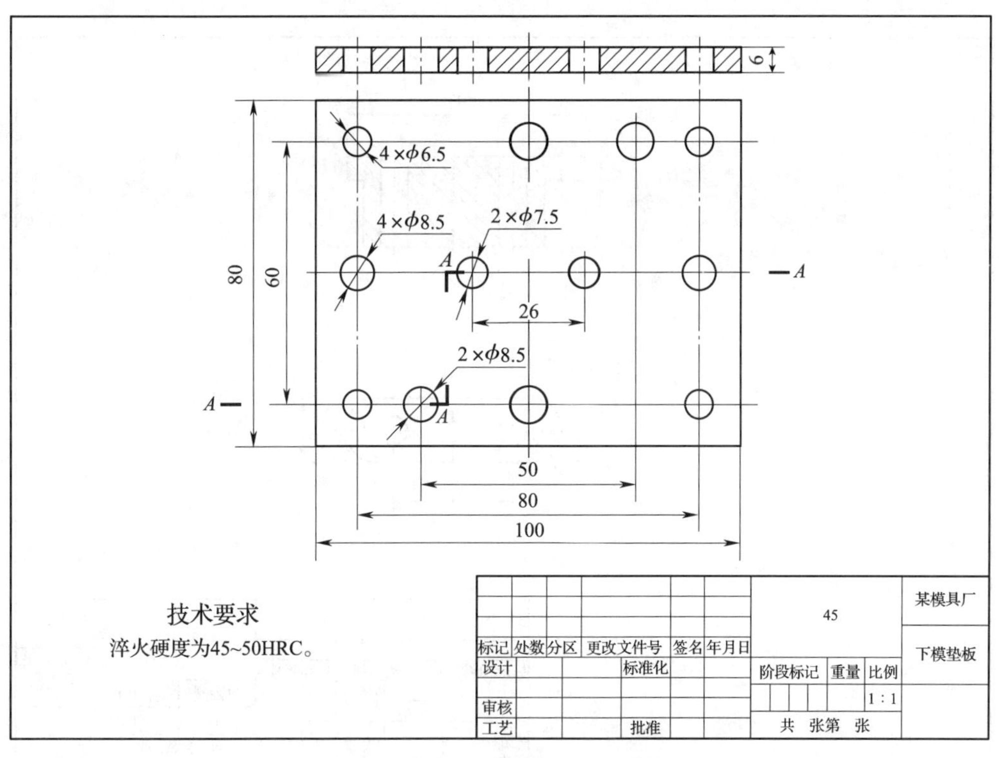
6
4×φ6.5
4×φ8.5
2×φ7.5
A
26
2×φ8.5
80
60
50
80
100
技术要求
淬火硬度为45~50HRC。
45
某模具厂
下模垫板
标记 处数 分区 更改文件号 签名 年月日
设计 标准化
阶段标记 重量 比例
1∶1
审核
工艺 批准
共 张第 张

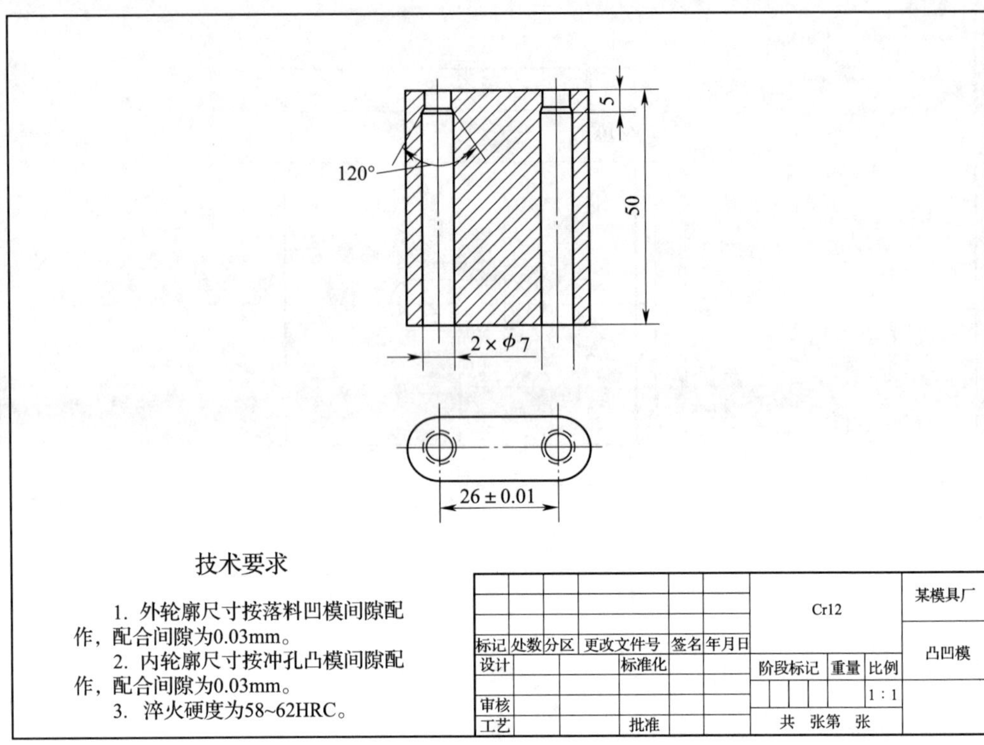
5
120°
50
2×φ7
26±0.01
技术要求
1. 外轮廓尺寸按落料凹模间隙配作，配合间隙为0.03mm。
2. 内轮廓尺寸按冲孔凸模间隙配作，配合间隙为0.03mm。
3. 淬火硬度为58~62HRC。
标记 处数 分区 更改文件号 签名 年月日
设计 标准化
审核
工艺 批准
Cr12
阶段标记 重量 比例
1:1
共 张第 张
某模具厂
凸凹模

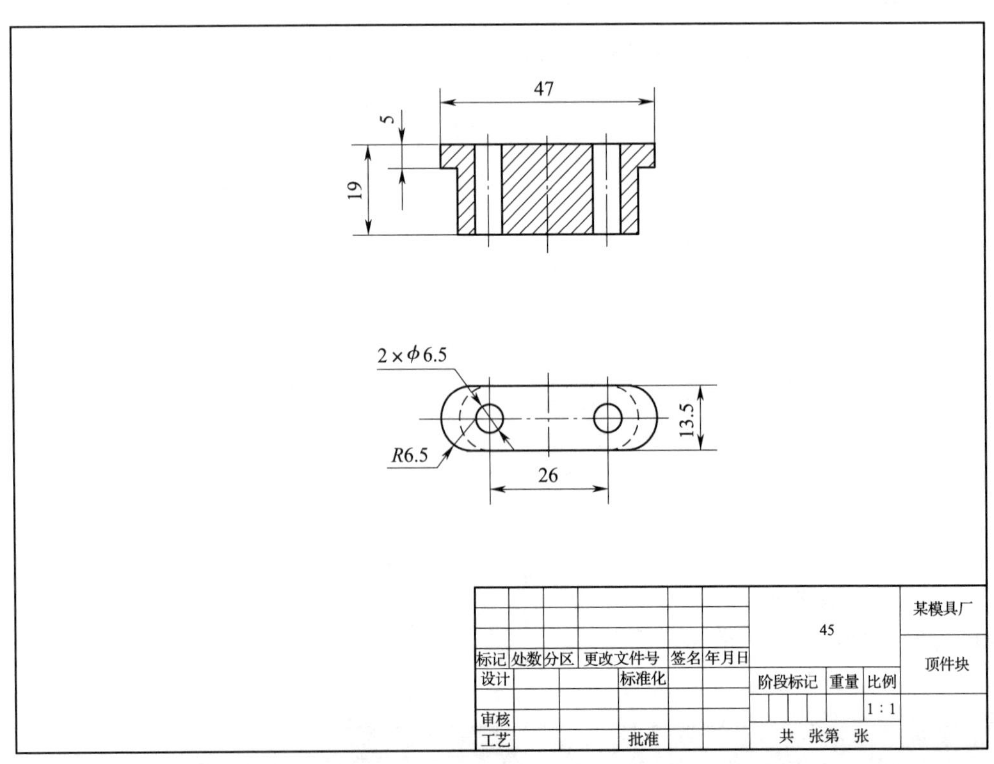
47
5
19
2×φ6.5
R6.5
13.5
26
标记 处数 分区 更改文件号 签名 年月日
设计 标准化
审核
工艺 批准
45
阶段标记 重量 比例
1:1
共 张第 张
某模具厂
顶件块

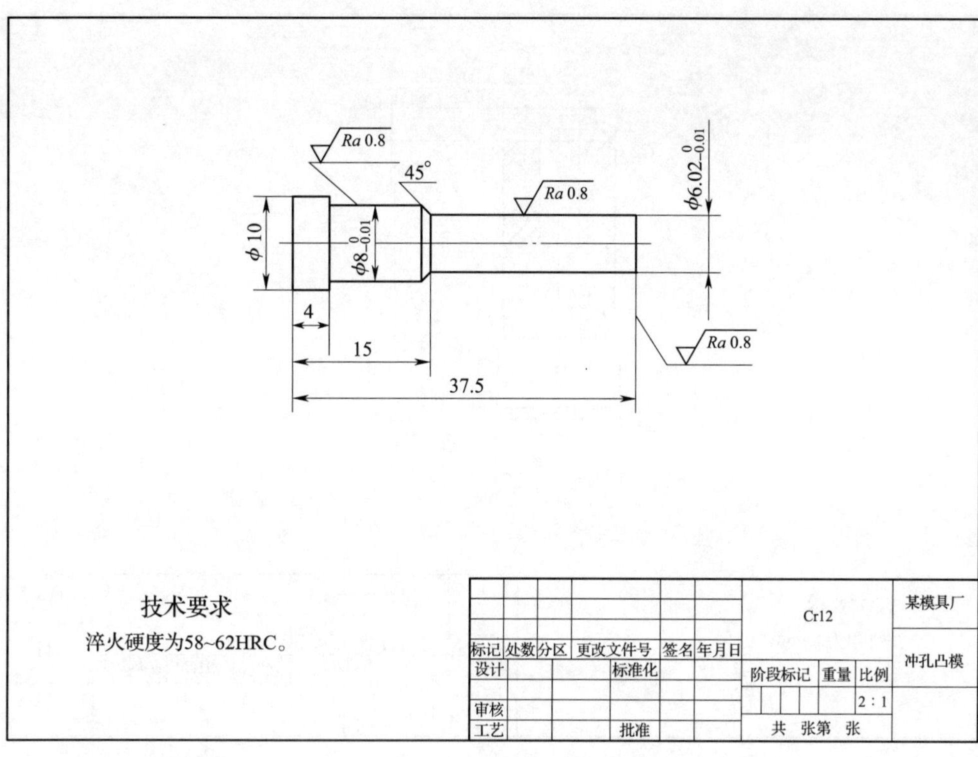
Ra 0.8
45°
Ra 0.8
$\phi6.02_{-0.01}^{0}$
$\phi10$
$\phi8_{-0.01}^{0}$
4
15
37.5
Ra 0.8
技术要求
淬火硬度为58~62HRC。
标记 处数 分区 更改文件号 签名 年月日
设计 标准化
审核
工艺 批准
Cr12
阶段标记 重量 比例
2 : 1
共 张第 张
某模具厂
冲孔凸模

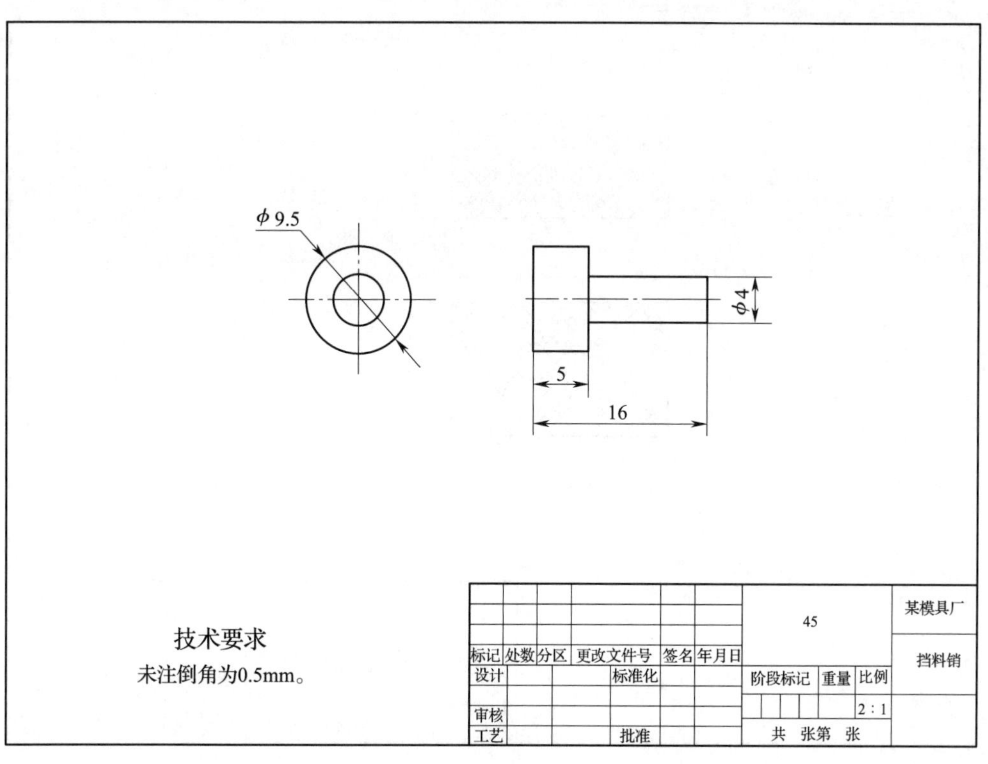
$\phi9.5$
$\phi4$
5
16
技术要求
未注倒角为0.5mm。
标记 处数 分区 更改文件号 签名 年月日
设计 标准化
审核
工艺 批准
45
阶段标记 重量 比例
2 : 1
共 张第 张
某模具厂
挡料销

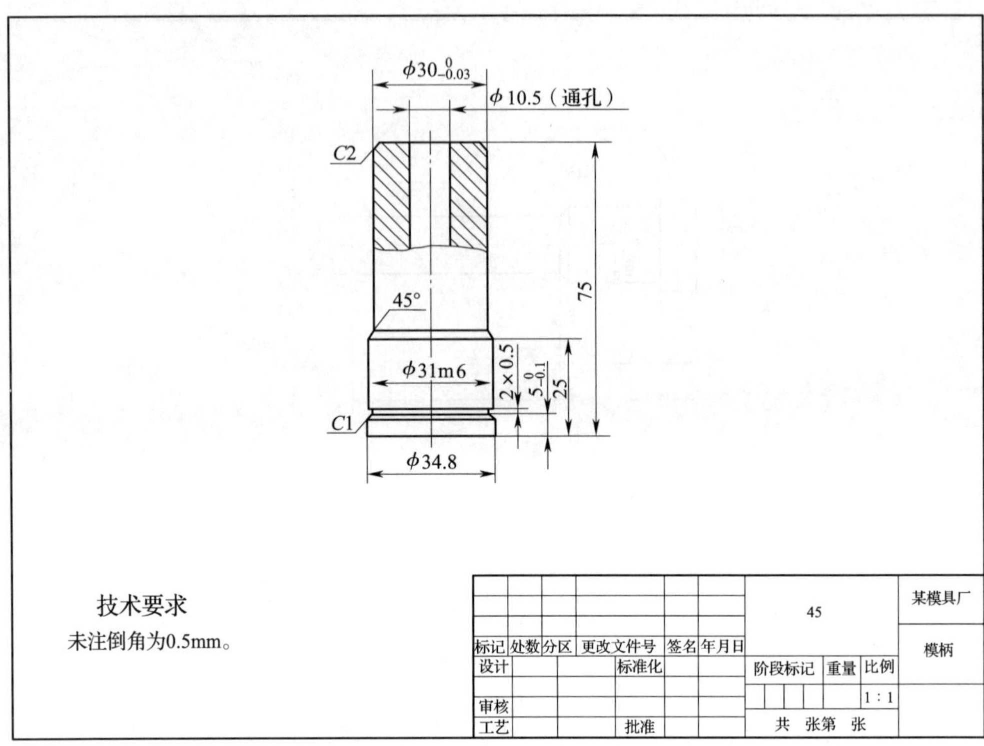
$\phi 30_{-0.03}^{0}$
ϕ 10.5（通孔）
C2
75
45°
ϕ31m6
2×0.5
$5_{-0.1}^{0}$
25
C1
ϕ34.8
技术要求
未注倒角为0.5mm。
45
某模具厂
模柄
标记 处数 分区 更改文件号 签名 年月日
设计 标准化
阶段标记 重量 比例
1 : 1
审核
工艺 批准
共 张第 张

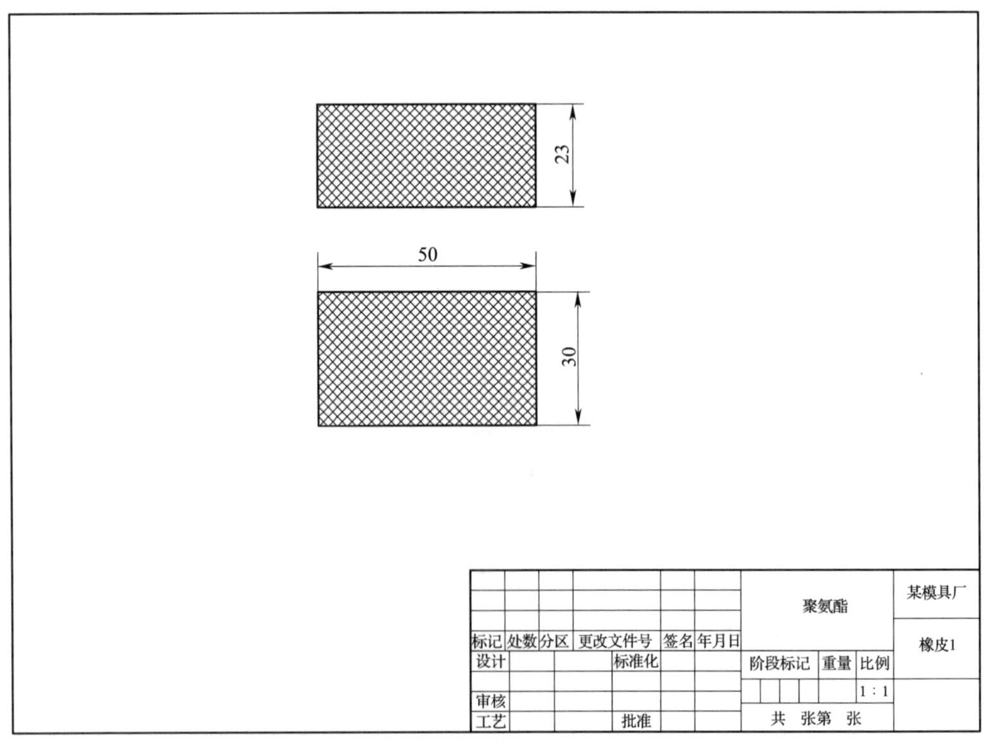
23
50
30
聚氨酯
某模具厂
橡皮1
标记 处数 分区 更改文件号 签名 年月日
设计 标准化
阶段标记 重量 比例
1 : 1
审核
工艺 批准
共 张第 张

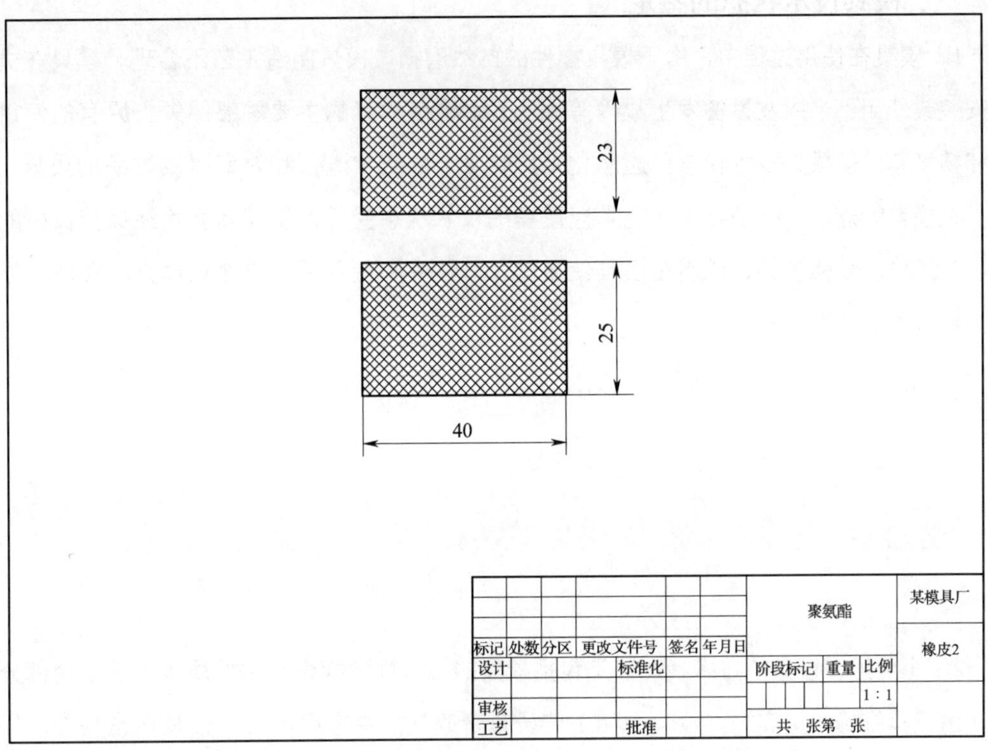
23
25
40
标记 处数 分区 更改文件号 签名 年月日
设计 标准化
审核
工艺 批准
聚氨酯
阶段标记 重量 比例
1:1
共 张第 张
某模具厂
橡皮2

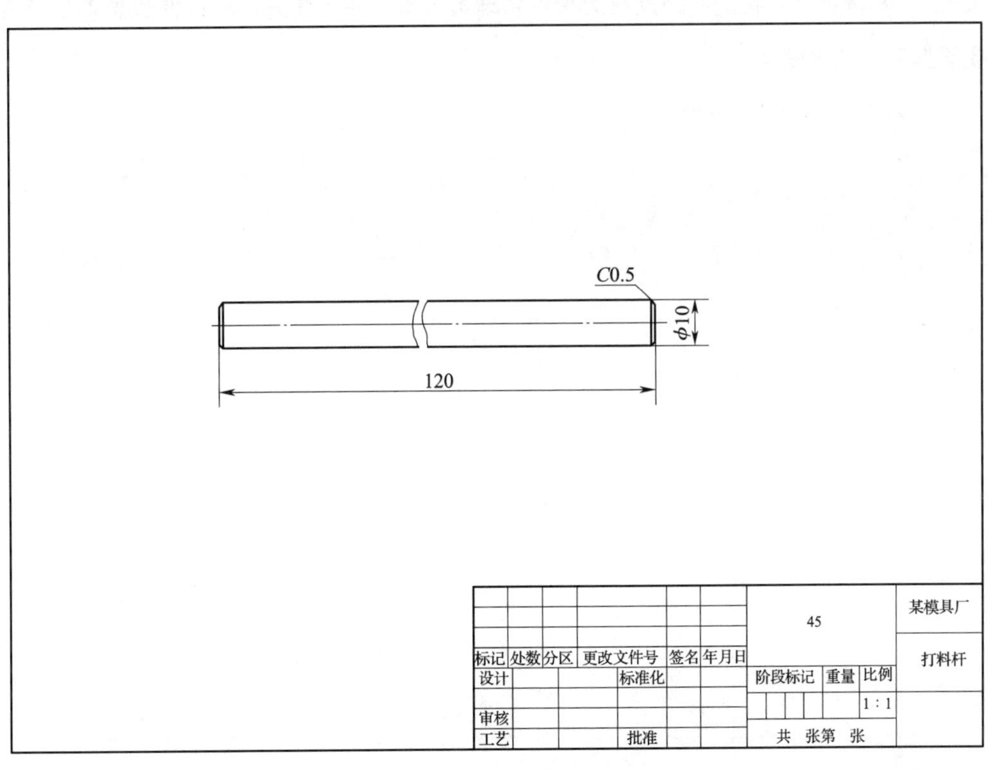
C0.5
ϕ10
120
标记 处数 分区 更改文件号 签名 年月日
设计 标准化
审核
工艺 批准
45
阶段标记 重量 比例
1:1
共 张第 张
某模具厂
打料杆

三、模具技术状态的鉴定

1. 模具在使用过程中，由于模具零件的自然磨损，模具制造工艺不合理，模具在机床上安装或使用不当以及设备发生故障等原因，都会使模具的主要零部件失去原有的使用性能和精度，致使模具技术状态日趋恶化，影响生产的正常进行和效率以及制品的质量。所以，在模具管理上，必须要主动地掌握模具的技术状态变化，使模具能始终保持良好的技术状态工作。查阅资料，说明在模具使用前、过程中和使用后，应检查模具的哪些工作性能。检查方法有哪些？

2. 企业里，模具的技术状态鉴定包括模具的工作性能检查和制件质量的检查两部分内容，由模具维修人员实施，检验员和工艺员负责确认。鉴定后填写“模具日常检查、保养记录卡”，并负责将存在的问题反馈给模具管理员。对于冲压模具，冲裁件质量的检查内容和质量鉴定方法有哪些？

（1）冲裁件质量检查的内容：

（2）冲裁件质量鉴定的方法：

1）首件检查：

2）过程中制件的检查：

3）末件检查：

3．小组讨论，制订链板模具技术状态鉴定计划，并记录模具技术状态鉴定过程中遇到的问题及解决问题的方法。

（1）根据小组讨论结果，制订链板模具技术状态鉴定计划。

（2）记录模具技术状态鉴定过程中遇到的问题及解决方法。

评价与分析

学习活动过程评价表

班级		姓名		学号		日期	年　月　日
序号	评价要点				配分	得分	总评
1	能说出模具管理与维护保养的一般流程及要求				10		A□（86～100） B□（76～85） C□（60～75） D□（60分以下）
2	能说出模具管理员的守则				5		
3	能说出模具的领取流程及领取注意事项				10		
4	能说出模具的入库流程及入库注意事项				10		
5	能说出模具储存保管的注意事项				10		
6	模拟模具领取入库流程的正确性				20		
7	能说出冲压模具技术状态鉴定的内容和方法				10		
8	实施冲压模具技术状态鉴定的正确性				20		
9	能积极参加小组讨论，具有团队合作意识				5		
小结建议							

学习活动2　接受工作任务，明确工作要求

学习目标

1. 能接受冲压模具维护保养任务，明确任务要求，初步了解故障现象。

2. 能通过耐心细致的有效沟通，记录操作人员反映的信息，提取有效信息，充分了解故障现象。

3. 能查阅冲压模具使用记录，摘录并分析冲压模具的使用记录，正确获取模具的工作年限、故障出现频率等有效信息。

4. 能制订冲压模具的维护保养计划。

建议学时　6学时

学习过程

一、阅读模具报修单，了解模具故障现象

链板模具报修单

NO：

制件名称	链板	模具编号	
报修时间	2014－02－23	预计使用时间	15天
报修项目	1. 链板制件毛刺大，有缺陷 2. 卸料装置动作不灵敏 3. 凸模有严重磨损，凹模有裂纹		

续表

<table>
<tr><td>本批压件数量</td><td colspan="2">5 000</td><td>已完成数量</td><td>2 000</td></tr>
<tr><td>库存数量</td><td colspan="2">1 500</td><td>生产班组/段</td><td></td></tr>
<tr><td rowspan="2">确认人</td><td>工艺</td><td></td><td>检验</td><td></td></tr>
<tr><td>日期</td><td></td><td>日期</td><td></td></tr>
</table>

报修人：　　　　　年　　月　　日

1. 冲压模具常见的故障现象有哪些？本任务中链板模具在使用中出现了什么故障？

2. 日常生活中，我们所见的冲压零件基本上是合格产品，但在冲压制件生产中，经常会见到一些有缺陷的产品，你能识别出下图所示产品中哪些是有缺陷的产品吗？找出来并说明是何种缺陷。本任务中链板制件的缺陷属于哪一种？

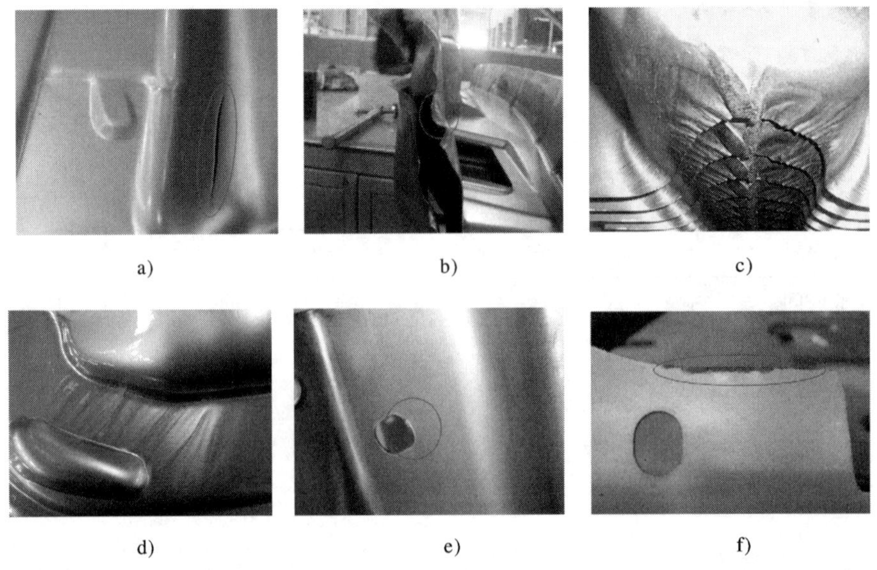

a)　b)　c)

d)　e)　f)

g)

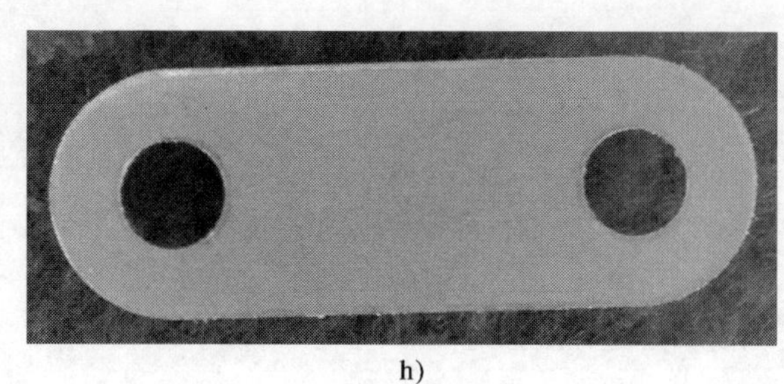
h)

3. 到冲压车间现场勘察，向操作人员了解链板零件质量和链板模具性能及工作状态，记录下来，并判断模具故障现象是否与报修单上所列报修项目相一致。

（1）链板制件的质量检查

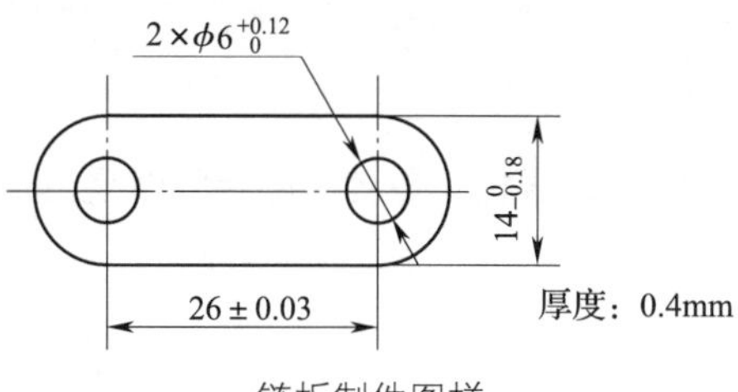

链板制件图样

1）制件尺寸精度是否符合图样要求？

2）制件形状及表面质量有无各种成型缺陷和不足?

3）毛刺是否超过规定要求?

（2）模具工作性能的检查

1）成型零件是否完好，即凸、凹模是否有裂纹、损坏及严重磨损，凸、凹模间隙是否均匀及其大小是否合适，刃口是否锋利?

2）导向装置是否有严重磨损，导柱、导套的配合间隙是否过大或有无松动现象?

3）模具的推杆及卸料装置动作是否灵敏可靠，顶杆有没有弯曲、折断，卸料用的橡胶及弹簧工作起来是否平稳，有无严重磨损及变形？

4）定位装置是否可靠，定位销及定位板有无松动情况或严重磨损？

5）安全防护装置、气动元件等是否完好？

（3）通过以上检查来分析模具技术状态的良好程度，确认模具的哪些故障和缺陷是影响冲裁件质量的主要因素，记录下来。

4. 查阅链板模具使用记录，明确模具的工作年限、使用情况以及故障出现频率等。

链板模具使用记录表

编号：

客户名称	某链条厂		零件号		零件名称	链板
使用部门	冲压车间		模具编号		模具名称	链板模
出库日期	领用人	入库日期	冲压次数(万)	模具状态	经办人	备注
2013－07－08	×××	2013－07－20	9	正常	×××	
2013－09－25	×××	2013－10－10	7	正常	×××	
2013－12－10	×××	2014－01－08	8	正常	×××	
2014－02－22	×××			不正常	×××	准备报修

二、明确模具维修流程，制订工作计划

1. 根据模具技术状态鉴定结果，连同制件的生产数量、质量的缺陷内容，模具的磨损程度、模具损坏的原因等可制定出模具修理方案及维护方法，进而完成模具的维修，以保证模具的精度以及产品生产的顺利进行。查阅资料，结合下图所示某企业冲压车间模具维修流程图说明模具维护修理的一般流程及工作要求。

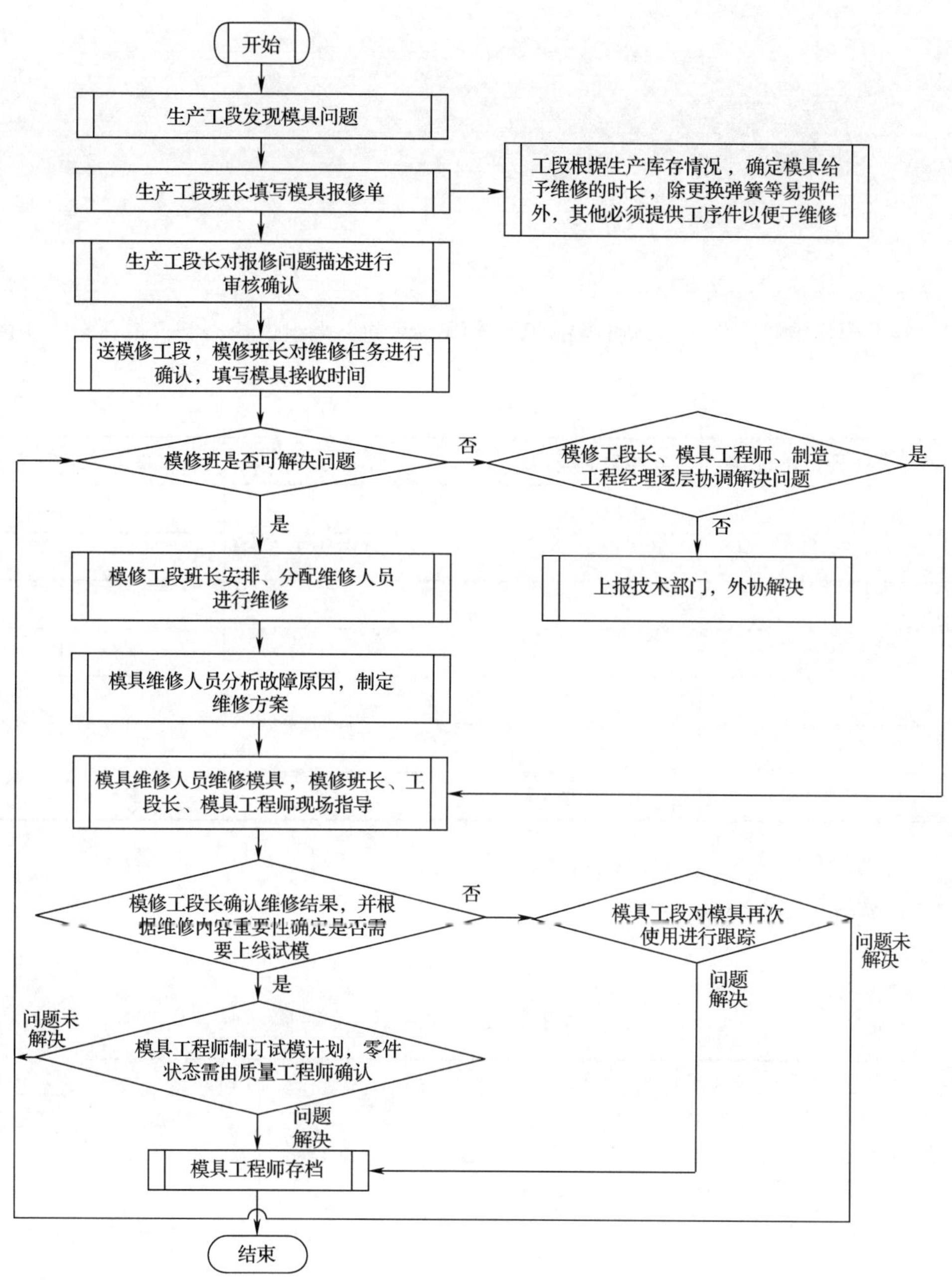

某企业冲压车间模具维修流程图

2. 根据模具维修流程图及本任务的工作流程与活动，小组讨论，制订最适合本组的工作计划。

序号	开始时间	结束时间	工作内容	负责人	备注

评价与分析

学习活动过程评价表

班级		姓名		学号		日期	年 月 日
序号	评价要点				配分	得分	总评
1	能运用专业术语表述冲压模具的故障				10		A□（86～100） B□（76～85） C□（60～75） D□（60分以下）
2	能识别冲压制件的常见缺陷				20		
3	检查链板质量和链板模具工作性能的正确性				30		
4	能摘录并分析模具的使用记录				10		
5	能说出冲压模具维修的流程				20		
6	能积极参加小组讨论，运用专业术语与他人交流				10		
小结建议							

学习活动 3　进行故障诊断，制定维修工艺

学习目标

1. 熟悉冲压制件的常见缺陷，并能准确分析缺陷产生的原因及解决方法。

2. 熟悉冲压模具常见故障现象，并能准确分析故障产生的原因及解决方法。

3. 能查阅相关资料，进行链板模具故障诊断，并准确分析故障原因，确定维修方法。

4. 能分析链板模具的结构特点和装配技术要求，通过小组讨论，制定合理的维修方案。

5. 能正确选择维修链板模具所需的维护工具、检验量具和设备等。

建议学时　18 学时

学习过程

一、分析模具故障原因，确定维修部位

1. 冲压件的常见缺陷有毛刺大、翘曲不平、内孔与外形相对位置不正确、制件尺寸超差、形状不准确等，查阅资料，分析这些缺陷产生的原因及解决方法。

（1）造成制件毛刺较大的原因有哪些？应如何解决？

（2）造成制件翘曲不平的原因有哪些？应如何对模具进行调整？

（3）制件内孔与外形相对位置不正确是什么原因引起的？应对模具进行哪些修整？

（4）造成制件尺寸超差、形状不准确的原因是什么？应如何解决？

2. 冲压模具使用过程中常见的故障有啃刃、送料不通畅、卸料不正常、凹模胀裂、凸模折断等，查阅资料，分析这些故障现象产生的原因及解决方法。

（1）凸、凹模刃口相碰造成啃刃的原因是什么？应对模具进行哪些调整才能避免啃刃？

（2）导致送料不通畅或卡死的原因是什么？应对模具进行哪些修整？

（3）卸料不正常的原因是什么？应如何调整模具才能解决这一问题？

（4）凹模胀裂的原因是什么？应如何修整模具？

（5）凸模折断的原因是什么？应如何修整模具？

3. 在模具报修单中，链板模具报修的主要项目有以下三点：链板制件毛刺大，有缺陷；卸料装置动作不灵敏；凸模有严重磨损，凹模有裂纹。试结合在冲压车间的勘察情况，详细描述链板模具的故障现象，并小组讨论链板模具故障产生的原因及解决方法。

（1）结合对链板模具技术状态的检查结果，详细描述链板模具的故障现象：

（2）导致链板制件毛刺大的具体原因是什么？应如何修整链板模具？

（3）造成链板模具卸料装置动作不灵敏的具体原因是什么？应如何修整链板模具？

（4）链板模具的凸模严重磨损，凹模产生裂纹的原因是什么？应如何修正链板模具？

二、制定维修方案

1. 模具修理包括生产过程中的随机维护性修理和计划主动维修。其中，随机维护性修理是指冲压模具在使用过程中发生了一些小故障，修理时不必将模具从压力机上卸下，直接在压力机上进行维护性修理，即可使其恢复正常工作，保证生产的正常进行。查阅资料，说出模具随机维护性修理的主要内容包括哪些。

2. 模具随机维护性修理的主要方法之一，就是利用储备的易损件更换已损坏的零件。查阅相关资料，说出储备的易损件通常分为哪两类，各包含哪些零件。链板冲压模中的易损件有哪些?

3. 如果发现冲压模具的主要部件损坏或者失去使用精度，就要进行计划主动维修。查阅资料，写出冲压模具计划主动维修的原则和具体步骤。

4. 维修冲压模具时，常见的维修工艺有修磨凸、凹模刃口，修理凸、凹模间隙，更换小直径凸模，对大中型凸、凹模进行补焊等。查阅相关资料，说明以上维修工艺的具体操作方法以及所需要的设备和工量具。

(1) 凸、凹模刃口的修磨方法是怎样的？需要用到哪些设备和工量具？

(2) 凸、凹模间隙不均匀的修理方法是怎样的？需要用到哪些设备和工量具？

(3) 更换小直径凸模的具体步骤是怎样的？需要用到哪些设备和工量具？

(4) 对大中型凸、凹模进行补焊的具体要求有哪些？需要用到哪些设备和工量具？

5. 针对确定的链板模具故障现象，结合故障原因分析，写出链板模具需要修复或更换的零部件。

6. 对链板模具中损坏的零部件是进行修复还是更换？小组讨论，进行成本核算并制定合理的修复方案。

7. 链板模具的刃口磨损较小还是较大？应怎样刃磨？

8．结合链板模具的结构特点，分析链板模具卸料装置动作不灵敏的原因，制定链板模具卸料系统的修整方案。

9．如果链板模具的冲孔凸模出现以下 3 种情况，应怎样处理？

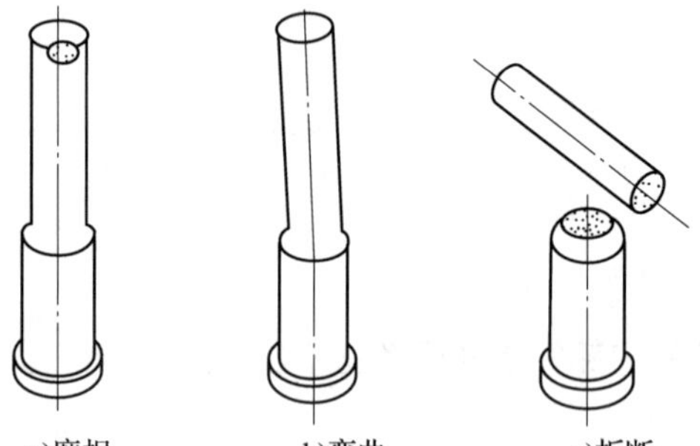

a)磨损　　b)弯曲　　c)折断

冲孔凸模的损坏形式

10．如果链板模具的凸模需要更换，应该怎样将凸模装入固定板中？装入后要做哪些修整？

11. 针对确定的链板模具故障现象，小组讨论制定维修链板模具的先后顺序，并说明理由。

12. 根据小组讨论结果，制定最适合本小组的维修方案。

序号	开始时间	结束时间	维修内容及要求	人员	工量具及设备	备注
1						
2						
3						
4						

续表

序号	开始时间	结束时间	维修内容及要求	人员	工量具及设备	备注
5						
6						
7						
8						

评价与分析

学习活动过程评价表

班级		姓名		学号		日期	年 月 日
序号	评价要点				配分	得分	总评
1	能说出冲压件常见的缺陷				5		A□（86～100） B□（76～85） C□（60～75） D□（60 分以下）
2	能说出冲压件常见缺陷产生原因及解决方法				15		
3	能说出冲压模具常见的故障				10		
4	能说出冲压模具常见故障产生原因及解决方法				20		
5	能独立分析模具结构特点和模具装配技术要求				15		
6	能针对链板模具故障制定合理的维修工艺				20		
7	能积极参加小组讨论，运用专业术语与他人交流				15		
小结 建议							

学习活动4　冲压模具的修理、装配与试模

学习目标

1. 能根据工量具清单，按照企业工量具管理条例，正确领取、保管、归还工量具等。

2. 能做好模具维护场地安全防护措施，严格遵守模具起吊、搬运等安全规程，并严格遵守设备安全操作规程。

3. 能对模具的故障部位进行零部件拆卸，并根据维修方案对损坏的零部件进行修复或更换。

4. 能对链板模具结构提出合理化改进方案。

5. 能在排除故障后，对冲压模具进行装配、检测、试模、调整，恢复模具精度，完成模具维护保养工作。

6. 能说明冲压模具报废的处理方法。

7. 能按照企业工作制度请操作人员进行验收，交付使用，并填写维修记录。

8. 能清理场地，归置物品。

建议学时　40学时

学习过程

一、设备及工量具准备

1. 查阅资料，识别下表所列冲压模具维修用设备及工量具，并简述这些设备及工量具的用途。

(1) 冲压模具维修用设备的名称及用途:

序号	图示	名称	用途
1			
2			
3			
4			

（2）维修用一般工具的名称及用途：

序号	图示	名称	用途
1	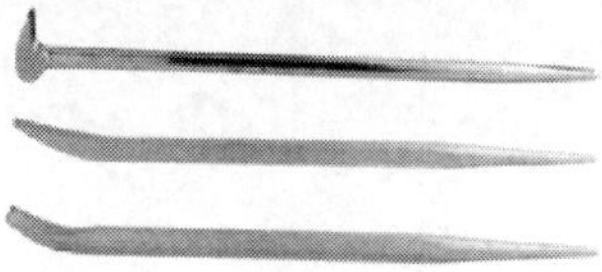		
2			
3			
4			
5			
6			

（3）维修用切削工具的名称及用途：

序号	图示	名称	用途
1	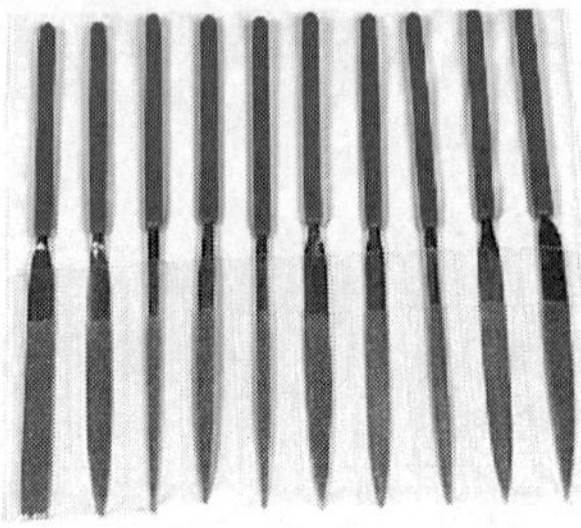		
2			
3			
4			
5			

（4）维修用量具的名称及用途：

序号	图示	名称	用途
1	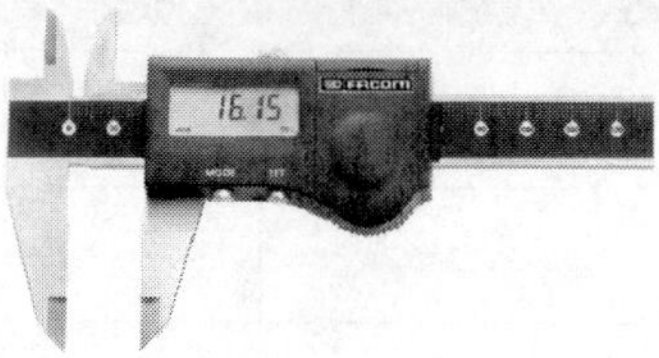		
2	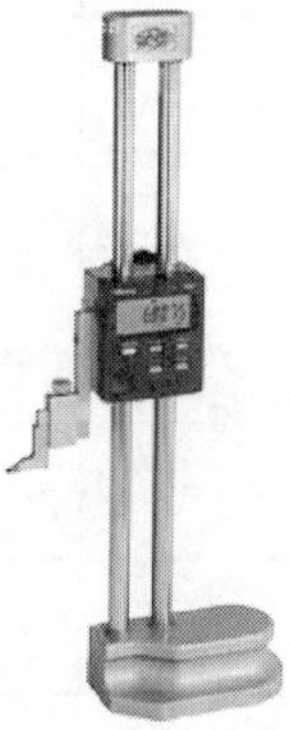		
3			
4	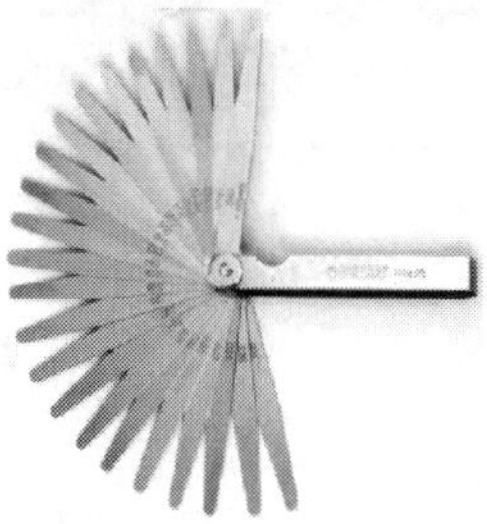		
5	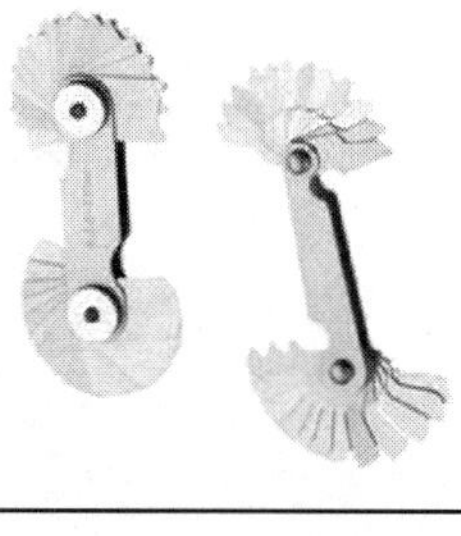		

2. 根据链板模具维修方案，列出所需的工量具清单，并按照企业工量具管理条例，正确领取、保管工量具等。

序号	工量具名称	规格	数量	备注
1				
2				
3				
4				
5				
6				
7				
8				

二、模具的维修

1. 查阅相关资料，说出模具维护场地的安全防护措施。

2. 查阅相关资料，说出模具起吊、搬运等安全操作规程。各小组结合实际，谈谈本小组在操作时应注意哪些安全方面的问题。

3. 根据本小组制定的模具维修方案，对链板模具故障部位进行零部件拆卸并完成以下工作：

（1）写出链板模具拆卸的步骤和注意事项。

（2）记录拆卸零件的名称和数量。

（3）对链板模具故障部位进行检测，详细记录故障数据。

（4）对检测数据进行分析，完善模具维修方案。

4. 修理制件毛刺大缺陷，记录关键工艺步骤。

5. 修理模具卸料装置动作不灵敏缺陷，记录关键工艺步骤。

6. 修理凸模有严重磨损、凹模有裂纹缺陷，记录关键工艺步骤。

7. 模具修理完成后，重新装配模具，并采用正确的方法调整模具的间隙，确保模具间隙均匀。查阅资料，说明模具间隙应怎样调整，如何判别模具间隙是否均匀。

8. 对模具进行维修保养时，在确保维修效果的前提下，同时要对维修成本进行控制，如果维修成本过高则需要考虑是否对模具做报废处理。查阅相关资料，总结企业维修成本的估算方式有哪些，哪些项目应计入维修成本。并对本任务链板模具的维修成本进行估算。

（1）企业维修成本的估算方式有哪些？哪些项目应计入维修成本？

（2）根据链板模具维修材料（含易损件）估算材料成本。

（3）根据维修工时估算人工成本。

（4）根据实际情况，估算其他成本。

9. 当模具出现严重磨损、定位失准、严重变形时，若其维修费用很高甚至超过模具本身的市值，或者不可修复，此时就要进行模具报废及复制处理。查阅资料，说明模具报废及复制处理的方法和流程。

10. 模具结构的优化

各小组根据模具实际生产情况，讨论模具的结构和零件是否需要改进，如需要，应作哪些改进？试通过最能够表达清楚的方式表达出来。（可另附页）

三、模具的试模、验收

1. 模具修配好后，根据需要用相应的设备进行试模和调整，并记录试模、调整过程中遇到的问题及解决方法。

2. 根据试冲链板制件情况，分析修配后的模具质量状况，并检查修配后原故障是否已经排除。

3. 通过试生产，对模具技术状态进行鉴定，并写出鉴定意见。

4. 按照企业工作制度请企业操作人员进行验收，交付使用，并填写维修记录。

冲压模具维修记录表

<table>
<tr><td>产品名称</td><td></td><td>模具名称</td><td></td><td>维修单位</td><td></td></tr>
<tr><td rowspan="3">模具类型</td><td>□单工序模</td><td rowspan="3">维修员</td><td rowspan="3"></td><td rowspan="3">维修时间</td><td rowspan="3"></td></tr>
<tr><td>□复合模</td></tr>
<tr><td>□级进模</td></tr>
<tr><td rowspan="8">检查项目</td><td colspan="3">检查模具是否生锈：□ 有 □ 无</td><td colspan="2">检查模面是否有油渍：□ 有 □ 无</td></tr>
<tr><td colspan="3">检查导柱、导套、斜楔机构有无润滑：□ 有 □ 无</td><td colspan="2">检查导柱、导套有无擦伤：□ 有 □ 无</td></tr>
<tr><td colspan="3">检查模面是否有铁屑及异物：□ 有 □ 无</td><td colspan="2">检查紧固螺钉有无松动：□ 有 □ 无</td></tr>
<tr><td colspan="3">检查模具刃口有无磨损：□ 有 □ 无</td><td colspan="2">检查弹簧是否断裂：□ 有 □ 无</td></tr>
<tr><td colspan="3">检查模具是否有裂纹：□ 有 □ 无</td><td colspan="2">检查是否有废料堵塞现象：□ 有 □ 无</td></tr>
<tr><td colspan="3">检查凸模是否磨损、断裂：□ 有 □ 无</td><td colspan="2">检查凸、凹模有无擦伤：□ 有 □ 无</td></tr>
<tr><td colspan="3">检查顶杆、卸料装置是否卡死：□ 有 □ 无</td><td colspan="2">检查模面是否有压痕：□ 有 □ 无</td></tr>
<tr><td colspan="3">检查模具有无配件缺失：□ 有 □ 无</td><td colspan="2">其他：</td></tr>
<tr><td colspan="6">检查异常记录及对策：□ 正常 □ 异常

</td></tr>
<tr><td>编制/日期：</td><td colspan="2"></td><td>审核/日期：</td><td colspan="2"></td></tr>
</table>

注：冲压模具维修记录表由模具保管员保存。

5. 摘录冲压模具的验收标准。

四、清理维修场地，归置物品

良好的工作习惯是在工作过程中有意识地养成的，这一点对于一名具有良好职业素质的高技能人才而言尤其重要。你是如何按要求清理场地、归置物品的？本任务中有哪些工量具及设备需要维护保养？

评价与分析

学习活动过程评价表

<table>
<tr><td>班级</td><td></td><td>姓名</td><td></td><td>学号</td><td></td><td>日期</td><td>年　月　日</td></tr>
<tr><td>序号</td><td colspan="5">评价要点</td><td>配分</td><td>得分</td><td>总评</td></tr>
<tr><td>1</td><td colspan="5">能根据需要正确选择、领取、使用和维护工量具</td><td>10</td><td></td><td rowspan="9">A□（86～100）
B□（76～85）
C□（60～75）
D□（60 分以下）</td></tr>
<tr><td>2</td><td colspan="5">能按要求穿戴好劳保防护用品，严格遵守模具起吊、搬运等安全规程</td><td>10</td><td></td></tr>
<tr><td>3</td><td colspan="5">能正确地对有故障部位进行零部件拆卸</td><td>5</td><td></td></tr>
<tr><td>4</td><td colspan="5">能根据实际情况完善模具修复方案</td><td>15</td><td></td></tr>
<tr><td>5</td><td colspan="5">能对模具进行修复，恢复模具精度</td><td>20</td><td></td></tr>
<tr><td>6</td><td colspan="5">能正确进行模具交付，正确填写维修记录</td><td>15</td><td></td></tr>
<tr><td>7</td><td colspan="5">能说出模具报废的处理方法</td><td>10</td><td></td></tr>
<tr><td>8</td><td colspan="5">能积极参加小组讨论，运用专业术语与他人交流</td><td>10</td><td></td></tr>
<tr><td>9</td><td colspan="5">能按照“6S”要求进行维修现场的管理</td><td>5</td><td></td></tr>
<tr><td>小结
建议</td><td colspan="8"></td></tr>
</table>

学习活动5　冲压模具的保养

学习目标

1. 能根据冲压模具维护与保养要求，制定日常保养和定期保养方案。

2. 能按规定对冲压模具进行保养。

建议学时　12学时

学习过程

一、认识模具保养的重要性

1. 模具维修班的工作在模具维护与保养方面发挥着“有病治病，无病强身”的作用。做好模具的维护和保养工作能有效延长模具使用寿命，保证制件质量，确保生产的顺利进行。试查阅资料，摘录冲压模具维护与保养的基本原则和一般步骤。

2. 模具的保养工作应贯穿在模具使用、修理、维护和保管工作的各个环节，一般分为日常保养、定期保养和伴随模具维修而进行的保养，其保养的侧重点各有不同。试查阅资料说明，冲压模具维修、试模后应重点进行哪些项目的保养？

3. 模具日常保养一般由操作工实施，模具维修人员确认，保养周期为 1 次/批。保养结束后要将首、末件质量及过程压件状况，维修情况等记录在模具使用记录表中，作为模具状态鉴定及是否需要维修的依据。查阅资料，说明冲压模具日常保养的内容，并填入表中。

序号	项目	冲压模具日常保养内容
1	使用前的检查	
2	使用过程中的检查	
3	使用后的检查	

4. 定期保养是指定期根据模具技术状态进行检修保养，以确保模具精度和工作性能处于良好状态。冲压模具的定期保养周期根据易损程度，一般分为 A、B、C、D 四类，试查阅资料，说明这四类的磨损程度、应用范围及保养周期。

5. 查阅资料，列出冲压模具定期保养的内容。

序号	冲压次数	冲压模具定期保养内容
1	30 万次	
2	200 万次	
3	1 000 万次	
4	不进行生产时 进行季度保养	

二、制定模具保养工艺，确定日常保养和定期保养方案

1. 在模具保养过程中，若维修人员操作不当很可能造成模具损坏甚至报废。比如，在对模具进行抛光时使用比较粗的油石，或者把抛光机装到百叶轮上对成型零件进行抛光，不但会使成型零件表面到处都是深度划痕，而且会伤到成型零件表面氮化层，导致再次投入生产，拉深成型时，制件不是粘模，就是拉伤。因此，必须先制定合理的模具保养工艺并严格按照制定的模具保养工艺切实做好维护保养工作。试结合本任务链板模具使用情况，写出链板模具保养内容，并制定链板模具的维护保养工艺及步骤。

2. 结合本任务链板模具的使用情况和链板模具的结构特点等，制定链板模具的日常保养和定期保养方案。

三、对链板模具进行保养

各小组根据本组情况，结合保养内容，对本组的链板模具进行保养，并填写保养记录表。

冲压模具保养记录表

<table>
<tr><td>产品名称</td><td></td><td>模具名称</td><td></td><td>材料名称及牌号</td><td></td></tr>
<tr><td rowspan="2">保养类别</td><td>□定期保养</td><td rowspan="2">保养员</td><td rowspan="2"></td><td rowspan="2">保养时间</td><td rowspan="2"></td></tr>
<tr><td>□日常保养</td></tr>
<tr><td rowspan="8">保养项目</td><td colspan="3">检查模具是否生锈：□ 有 □ 无</td><td colspan="2">检查模面是否有油渍：□ 有 □ 无</td></tr>
<tr><td colspan="3">检查导柱、导套、斜楔机构有无润滑：□ 有 □ 无</td><td colspan="2">检查导柱、导套有无擦伤：□ 有 □ 无</td></tr>
<tr><td colspan="3">检查模面是否有铁屑及异物：□ 有 □ 无</td><td colspan="2">检查紧固螺钉有无松动：□ 有 □ 无</td></tr>
<tr><td colspan="3">检查模具刃口有无磨损：□ 有 □ 无</td><td colspan="2">检查弹簧是否断裂：□ 有 □ 无</td></tr>
<tr><td colspan="3">检查模具是否有裂纹：□ 有 □ 无</td><td colspan="2">检查是否有废料堵塞现象：□ 有 □ 无</td></tr>
<tr><td colspan="3">检查凸模是否磨损、断裂：□ 有 □ 无</td><td colspan="2">检查凸、凹模有无擦伤：□ 有 □ 无</td></tr>
<tr><td colspan="3">检查顶杆、卸料装置是否卡死：□ 有 □ 无</td><td colspan="2">检查模面是否有压痕：□ 有 □ 无</td></tr>
<tr><td colspan="3">检查模具有无配件缺失：□ 有 □ 无</td><td colspan="2">其他：</td></tr>
<tr><td colspan="6">保养异常记录及对策：□ 正常 □ 异常</td></tr>
</table>

编制/日期：		审核/日期：	

注：冲压模具保养记录表由模具保管员保存。

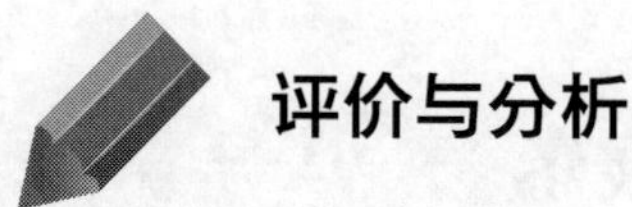

评价与分析

学习活动过程评价表

班级		姓名		学号		日期	年　月　日
序号	评价要点				配分	得分	总评
1	能说出模具保养的种类				15		A□（86～100） B□（76～85） C□（60～75） D□（60 分以下）
2	能说出冲压模具保养的原则				15		
3	能说出冲压模日常保养和定期保养的内容				15		
4	能对链板模具制定合理的保养方案				10		
5	能独立对链板模具进行保养				30		
6	能积极参加小组讨论，运用专业术语与他人交流				10		
7	能按照“6S”要求进行保养现场的管理				5		
小结 建议							

学习活动6　总结、评价与展示

学习目标

1. 能按分组情况，分别派代表采用不同方式展示工作成果，说明本次任务的完成情况，并作分析总结。

2. 能结合自身任务完成情况，正确规范地撰写工作总结。

3. 能就本次任务中出现的问题，提出改进措施。

4. 能对学习与工作进行反思总结，并能与他人开展良好合作，进行有效的沟通。

建议学时　6学时

学习过程

一、展示与评价（小组评价）

把维修好的模具与试冲件进行分组展示，然后由小组推荐代表作必要的介绍。在展示的过程中，以组为单位进行评价；评价完成后，根据其他组成员对本组展示成果的评价意见进行归纳总结。完成如下项目：

1. 展示的链板模具和试冲件符合技术要求吗？

符合 □　　不符合 □　　可返修 □　　直接报废 □

2. 与其他组相比，你认为本小组的维修工艺如何？

工艺优化 □　　工艺合理 □　　工艺一般 □

3. 与其他组相比，你认为本小组的模具领取和入库程序规范吗？

规范 □　　一般 □　　不规范 □

4. 本小组介绍成果表达是否清晰?

很好 □　　一般，常补充□　　不清晰 □

5. 本小组演示的维修保养方法操作正确吗?

正确 □　　部分正确 □　　不正确 □

6. 本小组演示操作时遵循了“6S”的工作要求吗?

符合工作要求 □　　忽略了部分要求 □　　完全没有遵循 □

7. 本小组的成员团队创新精神如何?

良好 □　　一般 □　　不足 □

二、教师评价

教师对展示的作品分别作评价。

1. 找出各组的优点进行点评。

2. 对展示过程中各组的缺点进行点评，提出改进方法。

3. 对整个任务完成中出现的亮点和不足进行点评。

三、总结提升

1. 回顾冲压模具的维护与保养过程，总结维护与保养冲压模具过程中需要注意的问题。

____

____

____

____

2. 试结合自身任务完成情况，通过交流讨论等方式较全面规范地撰写本次任务的工作总结。

工作总结（心得体会）

____

____

____

____

评价与分析

学习任务一评价表

班级：__________ 学生姓名：__________ 学号：__________

项目	自我评价			小组评价			教师评价		
	10 ~ 9	8 ~ 6	5 ~ 1	10 ~ 9	8 ~ 6	5 ~ 1	10 ~ 9	8 ~ 6	5 ~ 1
	占总评 10%			占总评 30%			占总评 60%		
学习活动 1									
学习活动 2									
学习活动 3									
学习活动 4									
学习活动 5									
学习活动 6									
表达能力									
协作精神									
纪律观念									
工作态度									
分析能力									
操作规范性									
任务总体表现									
小计分									
总评分									

任课教师：________ 年 月 日

学习任务二　塑料模具维护与保养

学习目标

1. 能接受塑料模具维护保养任务，明确任务要求，初步了解故障现象。

2. 能通过有效沟通，记录操作人员反映的信息，通过小组讨论，充分了解故障现象。

3. 能查阅塑料模具使用记录，正确获取塑料模具的工作年限、故障出现频率等有效信息，并准确分析故障原因，确定维护内容。

4. 能依据塑料模具的结构特点和模具装配技术要求，通过小组讨论，制定合理的维护工艺。

5. 能正确选择维护工具、检验量具和设备，列出工量具和设备清单，并按照企业工量具管理条例，正确领取、保管、归还工量具等。

6. 能做好塑料模具维护场地安全防护措施，严格遵守模具起吊、搬运等安全规程，并按要求严格穿戴好劳保防护用品。

7. 能对塑料模具的故障部位进行零部件拆卸，写出需要修复、更换的零部件，制定合理的修复方案，并估算模具修理成本。

8. 能独立完成塑料模具零部件的修复或更换工作。

9. 能在排除故障后，对塑料模具进行装配、检测、试模、调整，恢复模具精度和功能，完成模具维护保养工作。

10. 能按照模具企业生产流程，由注塑生产车间验收，交付使用，并填写维修记录。

11. 能按“6S”管理要求清理场地，归置物品。

12. 能根据塑料模具维护与保养要求，制定日常保养和定期保养方案。

建议学时

90 学时

工作情境描述

星星塑料玩具厂利用塑料碗注塑成型模具生产制品时，制品出现一些质量问题，如表面粗糙、碗口飞边大、壁厚不均匀等，塑件残次品率高，严重影响了正常生产。于是注塑车间向模具车间提出模具维修申请，要求在15天内维修完毕，保证下一批次的生产。

塑料碗实物图

塑料碗注塑成型模具实物图

塑料碗注塑成型模具实物分解图

模具装配图

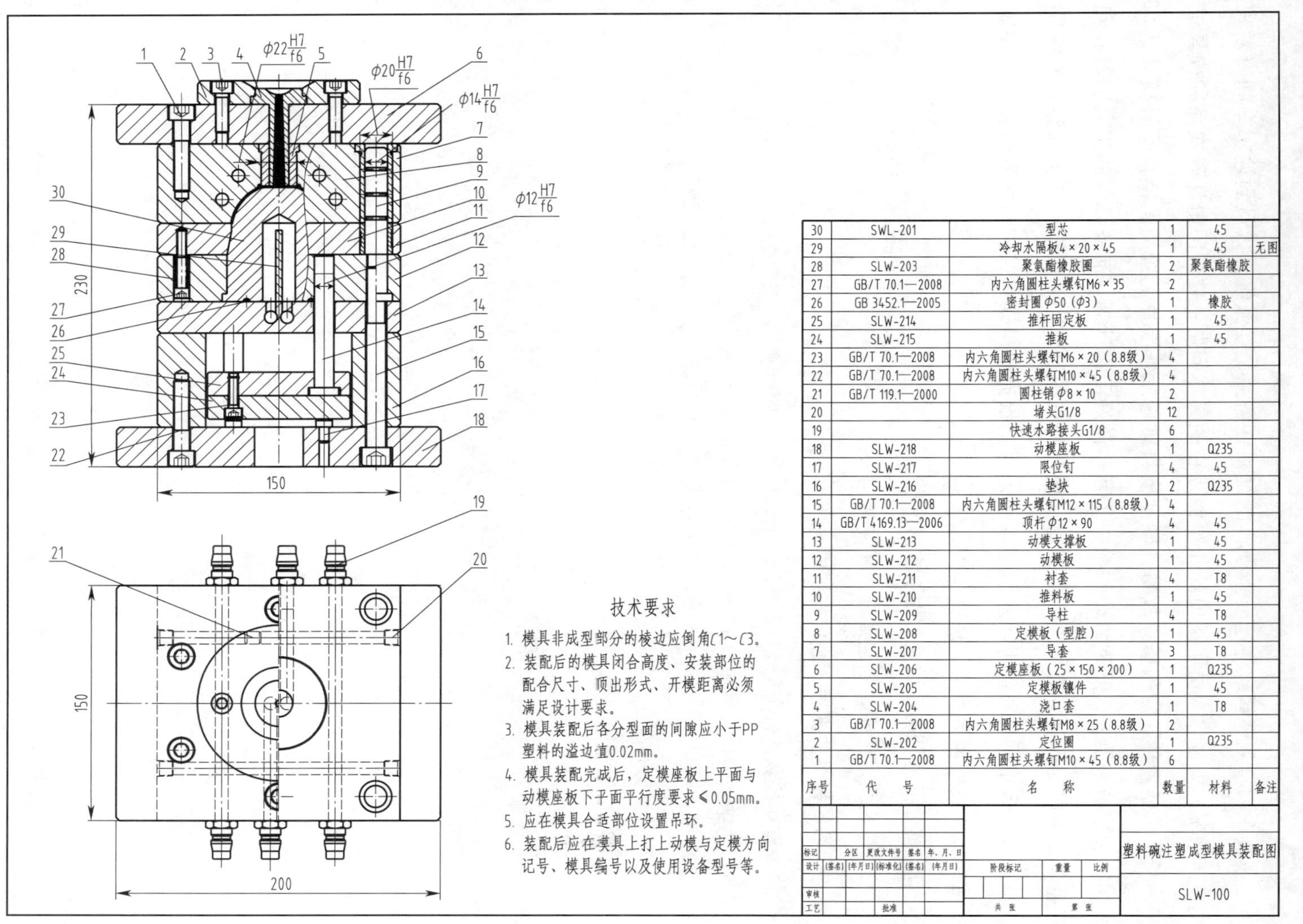

序号	代号	名称	数量	材料	备注
30	SWL-201	型芯	1	45	
29		冷却水隔板4×20×45	1	45	无图
28	SLW-203	聚氨酯橡胶圈	2	聚氨酯橡胶	
27	GB/T 70.1—2008	内六角圆柱头螺钉M6×35	2		
26	GB 3452.1—2005	密封圈 φ50（φ3）	1	橡胶	
25	SLW-214	推杆固定板	1	45	
24	SLW-215	推板	1	45	
23	GB/T 70.1—2008	内六角圆柱头螺钉M6×20（8.8级）	4		
22	GB/T 70.1—2008	内六角圆柱头螺钉M10×45（8.8级）	4		
21	GB/T 119.1—2000	圆柱销 φ8×10	2		
20		堵头G1/8	12		
19		快速水路接头G1/8	6		
18	SLW-218	动模座板	1	Q235	
17	SLW-217	限位钉	4	45	
16	SLW-216	垫块	2	Q235	
15	GB/T 70.1—2008	内六角圆柱头螺钉M12×115（8.8级）	4		
14	GB/T 4169.13—2006	顶杆 φ12×90	4	45	
13	SLW-213	动模支撑板	1	45	
12	SLW-212	动模板	1	45	
11	SLW-211	衬套	4	T8	
10	SLW-210	推料板	1	45	
9	SLW-209	导柱	4	T8	
8	SLW-208	定模板（型腔）	1	45	
7	SLW-207	导套	3	T8	
6	SLW-206	定模座板（25×150×200）	1	Q235	
5	SLW-205	定模板镶件	1	45	
4	SLW-204	浇口套	1	T8	
3	GB/T 70.1—2008	内六角圆柱头螺钉M8×25（8.8级）	2		
2	SLW-202	定位圈	1	Q235	
1	GB/T 70.1—2008	内六角圆柱头螺钉M10×45（8.8级）	6		

标记	分区	更改文件号	签名	年、月、日				塑料碗注塑成型模具装配图
设计	（签名）	（年月日）	（标准化）	（签名）	（年月日）	阶段标记	重量	比例
审核								SLW-100
工艺		批准				共 张	第 张	

技术要求

1. 模具非成型部分的棱边应倒角C1～C3。
2. 装配后的模具闭合高度、安装部位的配合尺寸、顶出形式、开模距离必须满足设计要求。
3. 模具装配后各分型面的间隙应小于PP塑料的溢边值0.02mm。
4. 模具装配完成后，定模座板上平面与动模座板下平面平行度要求≤0.05mm。
5. 应在模具合适部位设置吊环。
6. 装配后应在模具上打上动模与定模方向记号、模具编号以及使用设备型号等。

工作流程与活动

模具车间接到塑料碗注塑成型模具的维修任务后，委派维修人员到注塑车间查看模具使用情况，向操作人员了解模具和塑件存在的具体问题，并带回塑件残次品和模具进行分析，诊断塑件缺陷和模具故障，确定模具维修工作要点。查阅图样，了解模具结构和模具装配技术要求，制定合理的维护工艺，做好工作计划，准备必要的工具、量具和设备等，并按工作计划完成模具的维修、装配和试模工作。完成维护任务后经注塑车间人员验收，合格后交付使用，并填写维护记录。根据塑料模具维护与保养的要求，制定日常保养和定期保养方案。具体工作流程如下：

1. 接受工作任务，明确工作要求（6 学时）
2. 进行故障诊断，制定维修工艺（16 学时）
3. 塑料模具的修理、装配与试模（48 学时）
4. 塑料模具的保养（14 学时）
5. 总结、评价与展示（6 学时）

学习活动1　接受工作任务，明确工作要求

学习目标

1. 能接受塑料模具维护保养任务，明确任务要求，初步了解故障现象。

2. 能通过有效沟通，记录注塑工反映的信息，提取有效信息，充分了解故障现象。

3. 能查阅塑料碗注塑成型模具使用记录，摘录并分析塑料碗注塑成型模具的使用记录，正确获取模具的工作年限、故障出现频率等有效信息。

4. 能根据塑料成型模具维护修理的一般流程，制订塑料碗注塑成型模具的维护保养工作计划。

建议学时　6学时

学习过程

一、阅读模具报修单，了解模具故障现象

塑料碗注塑成型模具报修单

NO：

制件名称	塑料碗	模具编号	
报修时间	2014－03－25	预计使用时间	15天
报修项目	1. 制品表面粗糙 2. 碗口飞边太大 3. 模具成型表面出现较大凹痕（凹痕区域约 $\phi10$ mm×2 mm） 4. 塑件壁厚不均匀		

续表

本批注塑数量	5 000		已完成数量	2 000
库存数量	1 500		生产班组/段	
确认人	工艺		检验	
	日期		日期	

报修人： 年 月 日

1. 塑料成型模具常见的故障现象有哪些？根据模具报修单的工作内容，初步诊断塑料碗注塑成型模具的故障。

2. 塑件的常见缺陷有哪些？根据模具报修单的工作内容，写出塑料碗制件的缺陷。

3. 查阅塑料碗注塑成型模具的技术资料，写出模具的技术要求（如尺寸、几何公差、表面质量、材料、装配要求等）。

4. 到注塑车间现场勘察，向注塑工了解塑料碗制件质量和塑料碗注塑成型模具性能及工作状态，记录下来，并判断模具故障现象是否与报修单上所列报修项目相一致。

（1）塑件的质量检查

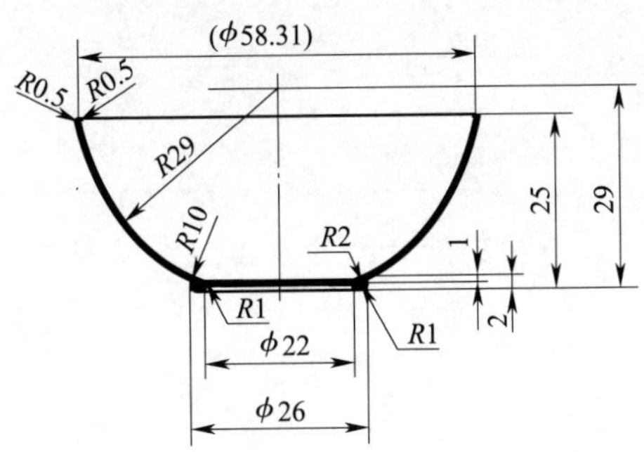

技术要求

1. 塑件壁厚1mm。
2. 塑件精度等级MT5级。
3. 塑件外观美观，壁厚均匀；不允许有缩孔、熔接痕等缺陷。

塑料碗制件图样

1）检查塑件尺寸精度是否符合图样要求：

2）检查塑件形状及表面质量有无各种成形缺陷：

3）检查塑件飞边是否超过规定要求：

（2）模具工作性能的检查

1）检查成型零件是否完好，相互装配位置、状态、型芯与型腔的间隙是否合理：

2）检查导向装置是否有严重磨损，导柱、导套的配合间隙是否过大以及有无松动现象：

3）检查推出机构动作是否灵活平稳，是否有严重磨损和变形状况：

4）检查浇注系统、冷却系统等其他装置是否完好：

（3）通过以上检查来分析模具技术状态的良好程度，确认模具的哪些故障和缺陷是影响塑件质量的主要因素。

5. 查阅塑料碗注塑成型模具使用记录，明确模具的工作年限、使用情况以及故障出现频率等。

塑料碗注塑成型模具使用记录表

编号：

客户名称	星星塑料玩具厂		零件号		零件名称	塑料碗	
使用部门	注塑车间		模具编号		模具名称	塑料碗注塑成型模具	
出库日期	领用人	入库日期	注塑机	生产数量	模具状态	经办人	备注
新模具	×××	2014-01-10				×××	
2014-01-12	×××	2014-01-25	100 g	5 000	正常	×××	
2014-03-04	×××	2014-03-24	100 g	5 000	正常	×××	
2014-03-25	×××				不正常		准备报修

二、明确模具维修流程，制订工作计划

1. 仔细阅读下图所示塑料成型模具维修流程图，查阅相关资料，简述塑料成型模具与冲压模维修流程的区别。

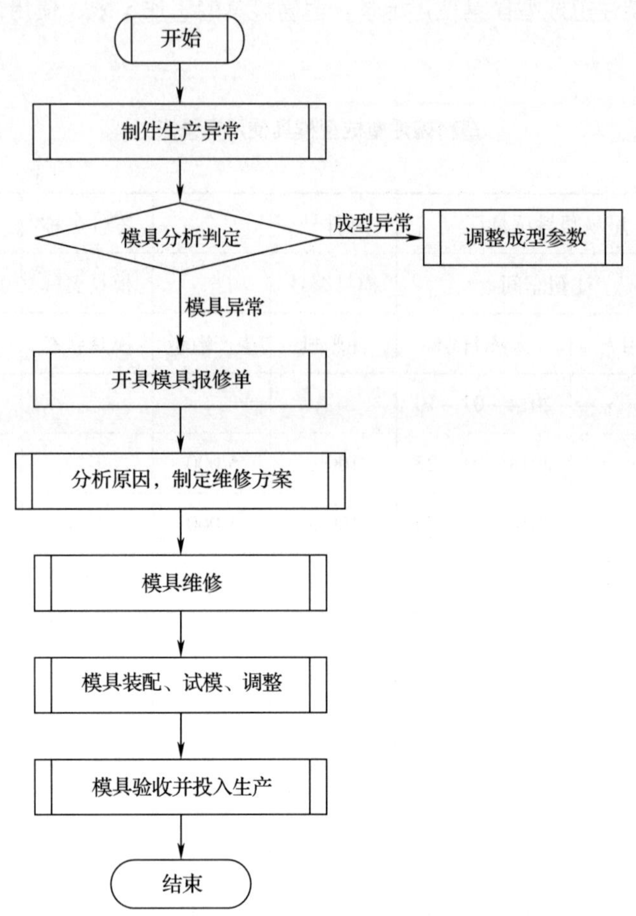

塑料成型模具维修流程图

2. 根据模具维修流程及本任务的工作流程与活动，通过小组讨论，结合本组的塑料碗注塑成型模具的实际情况，制订模具维护保养工作计划。

序号	开始时间	结束时间	工作内容	负责人	备注

评价与分析

学习活动过程评价表

班级		姓名		学号		日期	年　月　日
序号	评价要点				配分	得分	总评
1	能运用专业术语表述塑料模具的故障				10		A□（86～100） B□（76～85） C□（60～75） D□（60分以下）
2	能说出塑件的常见缺陷				10		
3	能说出塑件检查内容及检查方法				20		
4	能说出塑料模具检查内容及检查方法				20		
5	能摘录并分析模具的使用记录				10		
6	能说出塑料模具维修的一般流程及工作要求				20		
7	能积极参加小组讨论，运用专业术语与他人交流				10		
小结 建议							

学习活动 2　进行故障诊断，制定维修工艺

学习目标

1. 能根据塑料碗制件的缺陷，准确分析缺陷产生的原因。

2. 能根据塑料碗注塑成型模具的故障现象，准确分析模具故障产生的原因。

3. 能依据塑料碗注塑成型模具的结构特点和装配技术要求，通过小组讨论，制定合理的维修方案。

4. 能合理选择维修塑料碗注塑成型模具所需的维护工具、检验量具和设备等。

建议学时　16 学时

学习过程

一、分析模具故障原因，确定维修部位

1. 注塑件的常见缺陷有飞边、裂纹、翘曲、凹痕、塌坑或气泡，以及制件尺寸不稳定等，查阅资料，分析这些缺陷产生的原因，查找解决方法。

（1）造成注塑件飞边较大的原因有哪些？应如何解决？

（2）注塑件产生裂纹的原因有哪些？应如何调整成型工艺参数和模具？

（3）造成注塑件翘曲不平的原因有哪些？应如何调整成型工艺参数和模具？

（4）注塑件产生凹痕、塌坑或气泡的原因是什么？应如何调整成型工艺参数和模具？

（5）造成注塑件尺寸不稳定的原因是什么？应如何解决？

2. 注塑模使用过程中常见的故障有：成型表面有较大凹痕；模具壁厚不均匀；塑料外漏，注射不进模具型腔；塑件充填不满，外形不完整；料把拉断，堵死主流道；脱模困难等。查阅资料，分析这些故障现象产生的原因，查找解决方法。

（1）注塑模成型表面有较大凹痕的原因是什么？应如何调整成型工艺参数和模具？

（2）造成模具壁厚不均匀的原因是什么？应如何解决？

（3）塑料外漏，注射不进模具型腔的原因是什么？应如何调整成型工艺参数和模具？

（4）塑件充填不满，外形不完整的原因是什么？应如何解决？

（5）料把拉断，堵死主流道的原因是什么？应如何调整成型工艺参数和模具？

（6）脱模困难的原因是什么？应如何调整成型工艺参数和模具？

3. 根据塑料模具的维护保养流程可知，塑件产生缺陷时首先应采用调整注塑成型工艺的方法进行解决。查阅资料，简述塑料成型模具生产过程中，哪些故障和缺陷必须进行修模。

4. 在模具报修单中，塑料碗注塑成型模具报修的主要项目有以下几点：制品表面粗糙；碗口飞边太大；成型表面出现较大凹痕；塑件壁厚不均匀。结合在注塑车间的勘察情况，详细描述塑料碗注塑成型模具的故障现象，并小组讨论塑料碗注塑成型模具故障产生的原因及解决方法。

（1）导致塑料碗制品表面粗糙的具体原因是什么？解决方法是什么？

（2）造成塑料碗碗口飞边太大的具体原因是什么？解决方法是什么？

（3）塑料碗注塑成型模具成型表面出现较大凹痕的原因是什么？应如何解决？

（4）塑料碗制品壁厚不均匀的原因是什么？应如何解决？

二、制定维修方案

1. 塑料模具型腔、型芯的修理方法主要有焊补法、镶件法、镶嵌法、挤胀法、撑胀法、电镀法、更换新的型腔等方法。查阅资料，说明这些修理方法的具体内容和应用。

（1）焊补法：

（2）镶件法：

（3）镶嵌法：

（4）挤胀法：

（5）撑胀法：

（6）电镀法：

（7）更换新的型腔：

2. 针对确定的塑料碗注塑成型模具故障原因，小组讨论确定维修塑料碗注塑成型模具的先后顺序，并说明理由。

3. 制定模具成型表面出现较大凹痕的维修工艺。

（1）结合前面的故障原因分析，说明修理模具成型表面凹痕可以采用哪些修理方法。

（2）制定修理模具成型表面凹痕的工艺步骤。

（3）写出修理模具成型表面凹痕所需的设备及工量具清单。

4．制定塑件壁厚不均匀的维修工艺。

（1）结合前面的故障原因分析，说明塑件壁厚不均匀可以采用哪些修理方法。

（2）制定塑件壁厚不均匀的维修工艺步骤。

（3）写出修整塑件壁厚不均匀所需的设备及工量具清单。

5. 制定碗口飞边过大的维修工艺。

（1）结合前面的故障原因分析，说明解决碗口飞边过大故障可以采用哪些修理方法。

（2）制定修理碗口飞边过大的工艺步骤。

（3）写出解决碗口飞边过大故障所需的设备及工量具清单。

6. 制定模具表面粗糙的维修工艺。

（1）结合前面的故障原因分析，说明模具表面粗糙可以采用哪些修理方法。

（2）制定修复模具表面质量的工艺步骤。

（3）写出修复模具表面质量所需的设备及工量具清单。

7．根据小组讨论结果，制定最适合本小组的维修方案。

序号	开始时间	结束时间	维修内容及要求	人员	工量具及设备	备注
1						
2						
3						
4						
5						
6						
7						
8						

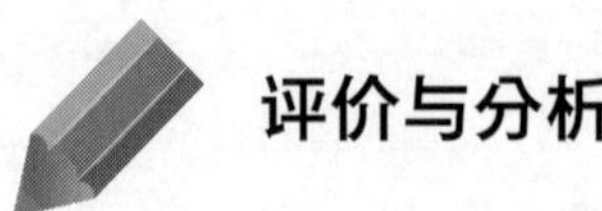

评价与分析

学习活动过程评价表

<table>
<tr><td>班级</td><td></td><td>姓名</td><td></td><td>学号</td><td></td><td>日期</td><td>年　月　日</td></tr>
<tr><td>序号</td><td colspan="4">评价要点</td><td>配分</td><td>得分</td><td>总评</td></tr>
<tr><td>1</td><td colspan="4">能说出塑料模具常见故障的原因和解决方法</td><td>15</td><td></td><td rowspan="8">A□（86－100）
B□（76～85）
C□（60～75）
D□（60 分以下）</td></tr>
<tr><td>2</td><td colspan="4">能说出塑件常见缺陷的原因和解决方法</td><td>15</td><td></td></tr>
<tr><td>3</td><td colspan="4">能详细说出塑料模具型腔、型芯的修理方法</td><td>10</td><td></td></tr>
<tr><td>4</td><td colspan="4">能制定修理模具成型表面凹痕的工艺步骤</td><td>10</td><td></td></tr>
<tr><td>5</td><td colspan="4">能制定修整塑件壁厚不均匀的工艺步骤</td><td>15</td><td></td></tr>
<tr><td>6</td><td colspan="4">能制定解决碗口飞边过大故障的工艺步骤</td><td>15</td><td></td></tr>
<tr><td>7</td><td colspan="4">能制定修复模具表面质量的工艺步骤</td><td>15</td><td></td></tr>
<tr><td>8</td><td colspan="4">能积极参加小组讨论，运用专业术语与他人交流</td><td>5</td><td></td></tr>
<tr><td>小结
建议</td><td colspan="7"></td></tr>
</table>

学习活动3　塑料模具的修理、装配与试模

学习目标

1. 能根据工量具清单，按照企业工量具管理条例，正确领取、保管、归还工量具等。

2. 能做好塑料模具维护场地安全防护措施，严格遵守模具起吊、搬运等安全操作规程。

3. 能对塑料碗注塑成型模具的故障部位进行零部件拆卸，根据维修方案对损坏的零部件进行修复或更换，并进行成本估算。

4. 能对塑料碗注塑成型模具结构提出合理化改进方案。

5. 能在排除故障后，对塑料模具进行装配、检测、试模、调整，恢复模具精度和功能，独立完成模具维护保养工作。

6. 能按照企业工作制度请操作人员进行验收，交付使用，并填写维修记录。

7. 能清理场地，归置物品。

建议学时　48学时

学习过程

一、设备及工量具准备

根据塑料碗注塑成型模具维修方案，填写工量具清单，并按照企业工量具管理条例，正确领取、保管工量具等。

序号	工量具名称	规格	数量	备注
1				
2				
3				
4				
5				
6				
7				
8				
9				
10				

二、模具的维修

1. 查阅相关资料，摘录塑料模具维护所需设备的安全操作规程。各小组结合实际，谈谈本小组在操作时应注意哪些安全方面的问题。

2. 根据本小组制定的模具维修方案，对塑料碗注塑成型模具进行拆卸并完成以下工作：

（1）写出拆卸塑料碗注塑成型模具的具体步骤和注意事项。

（2）记录拆卸零件的名称和数量。

（3）对塑料碗注塑成型模具故障部位进行检测，详细记录故障零件的尺寸。

（4）对检测数据进行分析，完善模具维修方案。

3. 修理模具成型表面凹痕缺陷，记录关键工艺步骤。

4. 修整塑件壁厚不均匀缺陷，记录关键工艺步骤。

5. 修理碗口飞边过大缺陷，记录关键工艺步骤。

6. 修复模具表面质量，记录关键工艺步骤。

7. 对塑料碗注塑成型模具维修成本进行估算，并与市场报价进行比较，分析成本偏高或较低的原因。

（1）根据塑料碗注塑成型模具维修材料（含易损件）估算材料成本。

（2）根据维修工时估算人工成本。

（3）根据实际情况，估算其他成本。

8. 模具正常使用过程中发生损坏的原因有很多，除了模具的自然损坏，模具的安装、使用不当导致模具故障外，还有模具设计、制造不合理方面的原因。因此，为了进一步提高模具质量水平，降低模具故障频率，需要对模具的结构进行合理优化。查阅相关资料，结合塑料碗注塑成型模具使用情况对塑料碗注塑成型模具结构进行合理优化。

（1）如果将塑料碗注塑成型模具改成点浇口，模具应做哪些改动？试画出模具结构草图。

（2）如果将塑料碗注塑成型模具改成热流道，模具应做哪些改动？试画出模具结构草图。

（3）如果将塑料碗注塑成型模具改为气动顶出结构，模具应做哪些改动？试画出模具结构草图。

三、模具的试模、验收

1．模具修配好后，用注塑机进行试模和调整，并记录试模、调整过程中遇到的问题及解决方法。

2. 根据试模塑件情况，分析修配后的模具质量状况，并检查修配后原故障是否已经排除。

3. 通过试生产，对模具技术状态进行鉴定，并写出鉴定意见。

四、清理维修场地，归置物品

维修完毕后，按照国家环保相关规定和要求，清理场地、归置物品，正确维护保养所用设备和工量具等。

评价与分析

学习活动过程评价表

<table>
<tr><td>班级</td><td></td><td>姓名</td><td></td><td>学号</td><td></td><td>日期</td><td>年　月　日</td></tr>
<tr><td>序号</td><td colspan="4">评价要点</td><td>配分</td><td>得分</td><td>总评</td></tr>
<tr><td>1</td><td colspan="4">能正确选择拆装工具对塑料碗注塑成型模具进行拆卸</td><td>10</td><td></td><td rowspan="9">A□（86～100）
B□（76～85）
C□（60～75）
D□（60分以下）</td></tr>
<tr><td>2</td><td colspan="4">能修理模具成型表面凹痕缺陷</td><td>10</td><td></td></tr>
<tr><td>3</td><td colspan="4">能修整塑件壁厚不均匀缺陷</td><td>15</td><td></td></tr>
<tr><td>4</td><td colspan="4">能修理碗口飞边缺陷</td><td>15</td><td></td></tr>
<tr><td>5</td><td colspan="4">能修复模具表面质量</td><td>15</td><td></td></tr>
<tr><td>6</td><td colspan="4">能对模具结构进行优化</td><td>10</td><td></td></tr>
<tr><td>7</td><td colspan="4">能鉴定维修后模具的技术状态，并写出鉴定意见</td><td>15</td><td></td></tr>
<tr><td>8</td><td colspan="4">能积极参加小组讨论，运用专业术语与他人交流</td><td>5</td><td></td></tr>
<tr><td>9</td><td colspan="4">能按照“6S”要求进行维修现场的管理</td><td>5</td><td></td></tr>
<tr><td>小结
建议</td><td colspan="7"></td></tr>
</table>

学习活动 4　塑料模具的保养

学习目标

1. 能根据塑料模具维护与保养的要求，制定日常保养和定期保养方案。

2. 能按规定对塑料模具进行保养。

3. 能根据塑料模具的技术状态鉴别报废模具。

建议学时　14 学时

学习过程

一、制定模具保养工艺，确定日常保养和定期保养方案

1. 查阅资料，摘录塑料模具维护与保养的原则。

2. 塑料碗注塑成型模具在日常生产中的点检项目有哪些?

3. 塑料碗注塑成型模具的定期维护保养项目有哪些?

4. 结合本任务塑料碗注塑成型模具的使用情况，写出塑料碗注塑成型模具的维护保养工艺及步骤。

5. 结合本任务塑料碗注塑成型模具的使用情况和模具的结构特点等，制定塑料碗注塑成型模具的日常保养和定期保养方案。

二、对塑料碗注塑成型模具进行保养

各小组根据本组情况，结合保养内容，对本组的塑料碗注塑成型模具进行保养，并设计一份“保养记录表”，填写此次维修保养的记录。

三、模具的报废处理

1. 塑料模具技术状态包括哪些项目？应如何判断塑料模具性能的优劣？

2. 塑料模具使用寿命的定义是什么？

3. 塑料模具报废应如何鉴定？查阅资料，说明塑料模具的报废流程。

评价与分析

学习活动过程评价表

<table>
<tr><td>班级</td><td></td><td>姓名</td><td></td><td>学号</td><td></td><td>日期</td><td>年 月 日</td></tr>
<tr><td>序号</td><td colspan="5">评价要点</td><td>配分</td><td>得分</td><td>总评</td></tr>
<tr><td>1</td><td colspan="5">能说出塑料模具维护与保养的原则</td><td>10</td><td></td><td rowspan="8">A□（86～100）
B□（76～85）
C□（60～75）
D□（60分以下）</td></tr>
<tr><td>2</td><td colspan="5">能说出塑料碗注塑成型模具在日常生产中的点检项目</td><td>15</td><td></td></tr>
<tr><td>3</td><td colspan="5">能为塑料碗注塑成型模具制订合理的保养计划</td><td>10</td><td></td></tr>
<tr><td>4</td><td colspan="5">能独立完成对塑料碗注塑成型模具的维护保养</td><td>20</td><td></td></tr>
<tr><td>5</td><td colspan="5">能说出塑料模具技术状态包括哪些项目</td><td>15</td><td></td></tr>
<tr><td>6</td><td colspan="5">能鉴定报废模具</td><td>15</td><td></td></tr>
<tr><td>7</td><td colspan="5">能积极参加小组讨论，运用专业术语与他人交流</td><td>10</td><td></td></tr>
<tr><td>8</td><td colspan="5">能按照“6S”要求进行保养现场的管理</td><td>5</td><td></td></tr>
<tr><td>小结
建议</td><td colspan="8"></td></tr>
</table>

学习活动5　总结、评价与展示

学习目标

1. 能展示工作成果，说明本次任务的完成情况，并作分析总结。

2. 能结合自身任务完成情况，正确规范地撰写工作总结。

3. 能就本次任务中出现的问题，提出改进措施。

4. 能对学习与工作进行反思总结，并能与他人开展良好合作，进行有效的沟通。

建议学时　6学时

学习过程

一、展示与评价（小组评价）

把维修好的模具和试模塑件进行分组展示，然后由小组推荐代表作必要的介绍。在展示的过程中，以组为单位进行评价；评价完成后，根据其他组成员对本组展示成果的评价意见进行归纳总结。完成如下项目：

1. 展示的塑料碗注塑成型模具和塑件符合技术要求吗？

符合□　　不符合□　　可返修□　　直接报废□

2. 与其他组相比，你认为本小组的维修工艺如何？

工艺优化□　　工艺合理□　　工艺一般□

3. 本小组介绍成果表达是否清晰？

很好□　　一般，常补充□　　不清晰□

4. 本小组演示的维修保养方法操作正确吗？

正确□　　　　部分正确□　　　　不正确□

5. 本小组演示操作时遵循了“6S”的工作要求吗?

符合工作要求□　忽略了部分要求□　完全没有遵循□

6. 本小组的成员团队创新精神如何?

良好□　　　　一般□　　　　不足□

二、教师评价

教师对展示的作品分别作评价。

1. 找出各组的优点进行点评。

2. 对展示过程中各组的缺点进行点评，提出改进方法。

3. 对整个任务完成中出现的亮点和不足进行点评。

三、总结提升

1. 在塑料模具的维护与保养过程中，你学到了哪些理论知识和操作技能?

2. 通过讨论和交流，在塑料模具的维护与保养过程中有哪些技术工作可以改善提高?

3. 在塑料模具的维护与保养过程中，你的社会能力和方法能力方面有哪些收获?

4. 试结合自身任务完成情况，通过交流讨论等方式较全面规范地撰写本次任务的工作总结。

工作总结（心得体会）

评价与分析

学习任务二评价表

班级：__________ 姓名：__________ 学号：__________

项目	自我评价			小组评价			教师评价		
	10 ~ 9	8 ~ 6	5 ~ 1	10 ~ 9	8 ~ 6	5 ~ 1	10 ~ 9	8 ~ 6	5 ~ 1
	占总评 10%			占总评 30%			占总评 60%		
学习活动 1									
学习活动 2									
学习活动 3									
学习活动 4									
学习活动 5									
表达能力									
协作精神									
纪律观念									
工作态度									
分析能力									
操作规范性									
任务总体表现									
小计分									
总评分									

任课教师：________ 年 月 日